职业技能培训鉴定教材

乳品检验员

(中级)

主　编　张丹凤
编　者　罗晓红　伍子玉　荆文清
主　审　陆东林

中国劳动社会保障出版社

图书在版编目（CIP）数据

乳品检验员：中级/人力资源和社会保障部教材办公室，新疆生产建设兵团劳动和社会保障局，新疆生产建设兵团农业局组织编写. —北京：中国劳动社会保障出版社，2009

职业技能培训鉴定教材

ISBN 978-7-5045-7501-2

Ⅰ. 乳… Ⅱ.①人…②新…③新… Ⅲ. 乳制品-食品检验-职业技能鉴定-教材 Ⅳ. TS252.7

中国版本图书馆 CIP 数据核字（2009）第 008606 号

中国劳动社会保障出版社出版发行
（北京市惠新东街1号　邮政编码：100029）
出 版 人：张梦欣

*

北京北苑印刷有限责任公司印刷装订　新华书店经销
787 毫米×960 毫米　16 开本　8.75 印张　169 千字
2009 年 1 月第 1 版　2009 年 1 月第 1 次印刷
定价：17.00 元

读者服务部电话：010-64929211
发行部电话：010-64927085
出版社网址：http://www.class.com.cn
版权专有　侵权必究
举报电话：010-64954652

教材编审委员会

主　　任　李勇先（新疆生产建设兵团副秘书长、农业局局长）
副 主 任　曲德林（新疆生产建设兵团劳动和社会保障局副局长）
　　　　　彭玉兰（新疆生产建设兵团劳动和社会保障局副局长）
　　　　　刘景德（新疆生产建设兵团农业局副局长）
　　　　　苗启华（新疆生产建设兵团农业局总畜牧师）
委　　员　多　林（新疆生产建设兵团劳动和社会保障局就业培训
　　　　　　　　　处处长）
　　　　　杜之虎（新疆生产建设兵团农业局种植业管理处处长）
　　　　　黄国林（新疆生产建设兵团职业技能鉴定中心主任）
　　　　　丁卫东（新疆生产建设兵团农业局乡镇企业产业指导处
　　　　　　　　　处长）
　　　　　张利淇（新疆生产建设兵团农业局园艺处副处长）
　　　　　宋安星（新疆生产建设兵团职业技能鉴定中心副主任）
　　　　　李宏健（新疆生产建设兵团兽医总站畜牧科科长）
　　　　　尤满仓（原新疆生产建设兵团农业局处长）

教材编审委员会办公室

主　　任　多　林
副 主 任　杜之虎　黄国林
成　　员　宋安星　冉　颢　尤满仓　陈纪顺　李晓梅　唐晓东

内容简介

本教材以《国家职业标准·乳品检验员》为依据，结合新疆生产建设兵团乳品检验技术经验进行编写。教材在编写过程中紧紧围绕"以企业需求为导向，以职业能力为核心"的理念，力求突出职业技能培训特色，满足职业技能培训与鉴定考核的需要。

本教材详细介绍了中级乳品检验员要求掌握的最新实用知识和技术。全书分为五个模块单元，主要内容包括：乳品检验基础知识、乳品感官检验与理化检验、乳品微生物检验、乳品加工工艺和产品质量判定。每一单元后安排了单元测试题及答案，书末提供了理论知识考核试卷，供读者巩固、检验学习效果时参考使用。

本教材是中级乳品检验员职业技能培训与鉴定考核用书，也可供相关人员参加在职培训、岗位培训使用。

前　言

为满足各级培训、鉴定部门和广大劳动者的需要，人力资源和社会保障部教材办公室、中国劳动社会保障出版社在总结以往教材编写经验的基础上，联合新疆生产建设兵团劳动和社会保障局、兵团农业局和兵团职业技能鉴定中心，依据国家职业标准和企业对各类技能人才的需求，研发了农业类系列职业技能培训鉴定教材，涉及农艺工、果树工、蔬菜工、牧草工、农作物植保员、家畜饲养工、家禽饲养工、农机修理工、拖拉机驾驶员、联合收割机驾驶员、白酒酿造工、乳品检验员、沼气生产工、制油工、制粉工等职业和工种。新教材除了满足地方、行业、产业需求外，也具有全国通用性，这套教材力求体现以下主要特点：

在编写原则上，突出以职业能力为核心。教材编写贯穿"以职业标准为依据，以企业需求为导向，以职业能力为核心"的理念，依据国家职业标准，结合企业实际，反映岗位需求，突出新知识、新技术、新工艺、新方法，注重职业能力培养。凡是职业岗位工作中要求掌握的知识和技能，均作详细介绍。

在使用功能上，注重服务于培训和鉴定。根据职业发展的实际情况和培训需求，教材力求体现职业培训的规律，反映职业技能鉴定考核的基本要求，满足培训对象参加各级各类鉴定考试的需要。

在编写模式上，采用分级模块化编写。纵向上，教材按照国家职业资格等级编写，各等级合理衔接、步步提升，为技能人才培养搭建科学的阶梯型培训架构。横向上，教材按照职业功能分模块展开，安排足量、适用的内容，贴近生产实际，贴近培训对象需要，贴近市场需求。

在内容安排上，增强教材的可读性。为便于培训、鉴定部门在有限的时间内把最重要的知识和技能传授给培训对象，同时也便于培训对象迅速抓住重点，提高学习效率，在教材中精心设置了"培训目标"等栏目，以提示应该达到的目标，需要掌握的重点、难点、鉴定点和有关的扩展知识。另外，每个学习单元后安排了单元测试题，每个级别的教材都提供了理论知识考核试卷,方便培训对象及时巩固、检验学习效果,并对本职业鉴定考核形式有初步的了解。

本系列教材在编写过程中得到新疆生产建设兵团劳动和社会保障局、兵团农业局和兵团职业技能鉴定中心的大力支持和热情帮助,在此一并致以诚挚的谢意。

编写教材有相当的难度,是一项探索性工作。由于时间仓促,不足之处在所难免,恳切希望各使用单位和个人对教材提出宝贵意见,以便修订时加以完善。

人力资源和社会保障部教材办公室

目 录

第1单元 乳品检验基础知识/1-24
第一节　分析化学基础/2
第二节　微生物检验基础/8
第三节　数据处理及误差分析/16
第四节　乳品检验相关法律法规/18
单元测试题/22
单元测试题答案/24

第2单元 乳品感官检验与理化检验/25-82
第一节　感官检验/26
第二节　理化检验仪器设备/28
第三节　理化检验原理和方法/37
第四节　异常乳与掺假乳/59
单元测试题/80
单元测试题答案/81

第3单元 乳品微生物检验/83-96
第一节　培养基、染色液和指示剂的制备/84
第二节　微生物检验仪器设备/86
第三节　微生物检验/89
单元测试题/95
单元测试题答案/96

第4单元 乳品的加工工艺/97-109
第一节　巴氏杀菌乳和灭菌乳/98

第二节　酸乳、乳饮料的生产工艺/101
第三节　乳粉、奶油、炼乳及干酪的生产工艺/104
单元测试题/108
单元测试题答案/109

第5单元　产品质量判定/111-124

第一节　巴氏杀菌乳的不合格品原因分析/112
第二节　灭菌乳的不合格品原因分析/113
第三节　酸乳的不合格品原因分析/116
第四节　含乳饮料的不合格品原因分析/120
单元测试题/122
单元测试题答案/124

理论知识考核试卷/125
理论知识考核试卷答案/131

第1单元

乳品检验基础知识

- 第一节　分析化学基础/2
- 第二节　微生物检验基础/8
- 第三节　数据处理及误差分析/16
- 第四节　乳品检验相关法律法规/18

第一节 分析化学基础

→ 掌握化学试剂和指示剂的分类
→ 掌握容量分析和质量分析的原理和方法

一、化学试剂的规格、等级与保存

1. 化学试剂的规格

我国的试剂规格基本按纯度（杂质含量的多少）划分，最常见的试剂规格有以下几种：

（1）优级纯。又称保证试剂，这种试剂的纯度高，杂质少，主要用于精密的科学实验和研究工作。

（2）分析纯。纯度很高，略低于优级纯，用于一般的科学研究。

（3）化学纯。纯度较分析纯略差，主要应用于一般的工厂、教学实验的检测。

（4）实验试剂。杂质含量较高，比工业品纯度高，主要应用于普通实验研究工作。

除上述4个级别外，目前市场上还有：

（1）基准试剂。基准试剂是用于标定容量，分析标准溶液的标准参考物质，基准试剂准确称量后能够直接配制成标准溶液，其主要成分含量一般在99.95%～100.05%。

（2）光谱纯试剂。光谱纯试剂表示光谱纯净。由于有机物在光谱上显示不出，因此，有时主成分达不到99.9%以上，使用时必须注意，特别是作基准物时，必须进行标定。

在选用化学试剂上，应根据实验的规格要求进行选择。一方面要考虑实验费用问题，另一方面也要考虑待测物品精确度的具体要求，最后还要考虑试剂的价格和特性。总而言之，要保证检测结果的准确度，以达到预期的目的。

在乳品检验中，大多数的试剂选用分析纯，标定氢氧化钠、盐酸等标准溶液时选用一部分基准试剂。

2. 化学试剂的等级

化学试剂的级别、颜色、等级等内容在瓶签上都有明确的标记。我国化学试剂也有等级标志（见表1—1）。

表 1—1　　　　　　　　　我国化学试剂的等级标志

级别	一级品	二级品	三级品	四级品
纯度分类	优级纯	分析纯	化学纯	实验试剂
符号	GR	AR	CP	LR
瓶签颜色	绿色	红色	蓝色	棕色或其他色

3. 化学试剂的保存

化学试剂的保存应注意以下几点：

（1）试剂应有明显的标识，如进货日期、试剂名称等，以便于使用者对该试剂有一个明确的质量判定。

（2）试剂应存放在干燥的洁净的环境中，不得置于湿度大、温度高的场所，避免试剂受热吸潮。

（3）某些用蜡封口的试剂使用后要立即封口，以免影响试剂的内在质量。

（4）试剂在一次性使用不完的情况下应将瓶口封好，否则会影响试剂的内在质量。

（5）应将最常使用的试剂放置于最容易取到的地方。

二、指示剂

在某些化学反应中，需加入其他辅助的试剂，通过这些辅助试剂发生的变化，如颜色的变化、沉淀现象或有混浊情况发生等，来判断反应是否已经达到了等当点（恰好完全反应）。这些辅助的试剂称为指示剂，等当点即滴定物与被测物恰好完全反应的化学计量点。

1. 酸碱指示剂

（1）原理及范围

在化学分析中滴定分析法是非常重要的方法之一。在滴定的过程中，通过指示剂所发生的一些变化如颜色改变、沉淀生成等来判断滴定终点，进而进行计算。

常用的酸碱指示剂是一些有机弱酸或弱碱，这些弱酸或弱碱在溶液中分离成弱酸和弱碱离子，结合其他的离子发生化学反应并呈现颜色变化。

以甲基橙为例说明指示剂的变色原理，用通式 HIn 表示弱酸指示剂，其在溶液中存在以下电离平衡：

$$HIn \rightleftharpoons H^+ + In^-$$

　　红色分子　　　黄色分子
　　指示剂酸式　　指示剂碱式

K_{HIn}是指示剂的电离常数，简称指示剂常数，其数值取决于指示剂的性质和温度。由于甲基橙的酸式 HIn 是红色的，所以甲基橙在酸性溶液中显红色，当加入碱时，OH^-与H^+结合生成难电离的水，使平衡向右移动，此时溶液显黄色。由此可知指示剂本身结构的变化是指示剂变色的内因,而溶液 pH 值的改变是外因。

酸碱指示剂的颜色是随溶液 pH 值的改变而变化的。在实际的检测过程中,可以观察出指示剂颜色的变化,从而确定出待测溶液 pH 值的变化范围。还以甲基橙为例,当溶液的 pH 值由 3.1 逐渐增加到 4.4 时,可以观察到甲基橙指示剂的变色过程是:红色→红橙色→橙色→红橙色→红色。通过颜色的变化情况,可以得出结论,甲基橙指示剂的变色范围是 pH 值在 3.1~4.4 之间。其他酸碱指示剂同样如此。

(2) 酸碱指示剂的选择

不同的变色反应要选择不同的酸碱指示剂,选择的原则是变色范围应是 pH 发生在突跃范围内。

1) 指示剂的变色范围越窄越好,pH 值稍有变化,指示剂就能改变颜色。石蕊溶液由于变色范围较宽,且在等当点时颜色的变化不易观察,所以在中和滴定中不采用。

2) 溶液颜色的变化由浅到深容易观察,而由深变浅则不易观察。因此应选择在滴定终点时使溶液颜色由浅变深的指示剂。强酸和强碱中和时,尽管酚酞和甲基橙都可以用,但用酸滴定碱时,甲基橙加在碱里达到等当点时,溶液颜色由黄变红,易于观察,故选择甲基橙;用碱滴定酸时,酚酞加在酸中达到等当点时,溶液颜色由无色变为红色,易于观察,故选择酚酞。

3) 强酸和弱碱、强碱和弱酸中和达到滴定终点时,前者溶液显酸性,后者溶液显碱性,对后者应选择碱性变色指示剂(酚酞),对前者应选择酸性变色指示剂(甲基橙)。常用的酸碱指示剂有各自的特性(见表 1—2)。

表 1—2　　　　常用的酸碱指示剂特性

酸碱滴定方式	选用指示剂	变色范围 pH	颜色	
			酸色	碱色
强酸与强碱相互滴定	甲基红	4.2~6.2	红	黄
	甲基橙	3.1~4.4	红	橙黄
	中性红	6.8~8.0	红	黄
	酚酞	8.0~10.0	无	紫红
弱酸与强碱相互滴定	酚酞	8.0~10.0	无	紫红
强酸与弱碱相互滴定	甲基橙	3.1~4.4	红	橙黄
	甲基红	4.4~6.2	红	黄

(3) 混合指示剂

在酸碱滴定过程中如果变色范围比较狭窄而变色又非常明显,这时就需要加入混合指示剂。混合指示剂有两种,一种是在某种指示剂中添加惰性染料,例如,由甲基橙和靛蓝组成的混合指示剂,在 pH≥4.4 时混合指示剂显绿色,在 pH≤3.1 时显紫色,在 pH 为 4 时几乎无色,颜色变化比较明显。另一种是用两种或多种指示剂混合配成,利用颜色之间的互补作用，使变色更明显。下面列举常用的混合指示剂（见表1—3）。

表1—3　　　　　　　　　　常用的混合指示剂

混合指示剂的组成	变色点 pH	变色情况 酸色	变色情况 碱色	备注
1份0.1%甲基黄酒精溶液 1份0.1%次甲基蓝酒精溶液	3.25	蓝紫色	绿色	pH3.4 绿色 pH3.2 蓝紫色
1份0.1%甲基橙水溶液 1份0.25%靛蓝二磺酸水溶液	4.1	紫色	黄绿色	—
3份0.1%溴甲酚绿酒精溶液 1份0.2%甲基红酒精溶液	5.1	酒红色	绿色	
1份0.1%溴甲酚绿钠盐水溶液 1份0.1%氯酚红钠盐水溶液	6.1	黄绿色	蓝紫色	pH4 蓝绿色、pH5.8 蓝色、 pH6.0 蓝带紫、pH6.2 蓝紫
1份0.1%中性红酒精溶液 1份0.1%次甲基蓝酒精溶液	7.0	蓝紫色	绿色	pH7.1 紫蓝
1份甲酚红钠盐水溶液 3份0.1%百里酚蓝钠盐水溶液	8.3	黄色	紫色	pH8.2 玫瑰红色、 pH8.4 清晰的紫色
1份0.1%百里酚酞酒精溶液 3份0.1%酚酞50%酒精溶液	9.0	黄色	紫色	从黄到绿再到紫

2. 金属指示剂

（1）变色原理

金属指示剂能与某些金属离子生成有色络合物，而这些络合物的颜色与金属指示剂的颜色不同，从而判断出发生的化学反应。

（2）常用的金属指示剂

1) 钙试剂（NN）。钙试剂为深棕色粉末，通常与NaCl固体粉末配成混合物使用。钙试剂能与Ca^{2+}形成粉红色络合物，常用做pH12~13时滴定Ca^{2+}的指示剂，络点由粉红色变为纯蓝色。

2) 络黑T（EBT）。络黑T为黑褐色粉末，略带金属光泽。络黑T与很多金属离子生成红色的络合物，络黑T的敏感pH变化范围是9~10，在这个范围内颜色由红色变为蓝色。如超出此范围，指示剂的颜色和络合剂的颜色比较接近，故不适宜使用。

3. 氧化还原指示剂

用于氧化还原滴定法的指示剂称为氧化还原指示剂。氧化还原指示剂具有氧化还原性质，它们的氧化型和还原型具有不同的颜色，通过颜色的变化来确定发生的化学反应。

$$In（氧化型）+ne \rightleftharpoons In_R（还原型）$$

一种颜色　　　　　另一种颜色

例如，用还原糖溶液滴定 $CuSO_4$ 时，加入亚甲基蓝指示剂，当接近等当点时，微过量的还原糖使亚甲基蓝指示剂由氧化型的蓝色还原成还原型的无色，表明反应达到终点。

三、容量分析

1. 原理

容量分析的原理是用已知浓度的标准溶液，通过滴定管加入到被测溶液中，当消耗的标准溶液与被测溶液的毫克当量数相等时，表明达到了反应的终点。这时可以借助指示剂的变色来判断。通过标准溶液的浓度和体积，可以计算出被测物质的含量。

2. 类型

（1）氧化还原法

利用氧化还原法来测定被检物质中氧化性或还原性物质的含量。

（2）中和法

利用已知浓度的酸溶液来测定碱溶液的浓度，或利用已知浓度的碱溶液来测定酸溶液的浓度。终点的指示剂是借助适当的酸、碱指示剂如甲基橙和酚酞等的颜色变化来决定。

（3）络合滴定法

利用金属离子与氨羧络合剂定量地形成金属络合物的性质，在适当的 pH 值范围内，以 EDTA（乙二胺四乙酸）溶液直接滴定，借助指示剂与金属离子所形成的络合物稳定性较小的性质，在达到等当点时，EDTA（乙二胺四乙酸）从指示剂络合物中夺取金属离子，使溶液中呈现出游离指示剂的颜色，食盐中镁的测定就是采用此法。

（4）沉淀法

利用形成沉淀的反应来测定其含量的方法，如氯化钠的测定。

3. 标准溶液和基准物质

（1）标准溶液

标准溶液是指含有某一特定浓度参数的溶液，如氯化铁的标准溶液。当用标准溶液代替样品进行测试时，得到的结果应该与已知标准溶液的浓度相符。如果结果与标准溶液存在明显的差异（>10%），则说明存在错误，需作分析。

有些标准溶液由于很不稳定，如易挥发、易氧化等原因，较难配制和使用，如硫化氢、二氧化氯、臭氧等。

标准溶液还可用来校准仪器，如色度计、分光光度计、pH 计等仪器。不同浓度的标准溶液可以用来绘制校准曲线，通过校准曲线就能够反查出待测样品的浓度。

（2）基准物质

基准物质是指用于直接配制或标定标准溶液的物质，基准物质也称为标准物质。基准物质应具备以下几个条件：

1) 纯度高，一般要求纯度应在99.9%以上。
2) 物质的组成必须精确地符合化学式，如果有结晶水，其含量也应固定不变。
3) 物质性质稳定，在配制和贮存过程中不会发生变化。如称量时不吸湿，不吸收二氧化碳等。
4) 具有较大的摩尔质量。这是因为物质的摩尔质量越大，称量时相对误差就越小。

4. 标准溶液的配制与标定

(1) 标准溶液的配制

1) 直接配制法。直接配制法是准确称取一定质量的物质，溶解并稀释到准确的体积，根据计算求出该溶液的准确浓度。例如，摩尔浓度溶液的配制：

$$C = \frac{m}{V \times M} \times 1\,000$$

式中　C——物质的摩尔浓度，mol/L；

　　　V——物质的体积，mL；

　　　m——物质的质量，g；

　　　M——物质的摩尔质量，g/mol。

采用直接法配制标准溶液的物质必须是基准物。

2) 间接配制法。很多物质不符合基准物的条件，如NaOH易吸收空气中CO_2，因此计算的质量不能代表氢氧化钠的真正质量；浓盐酸易挥发，组成不稳定等。因此，这些物质必须采用间接法配制标准溶液。

间接配制法的步骤是：首先配制一份近似所需浓度的溶液，然后用基准物或已知浓度的标准溶液来确定其准确浓度，这个过程也称为标定。

(2) 标准溶液的标定

1) 用基准物标定。例如，配制一份近似浓度0.1 mol/L NaOH溶液，选用纯草酸为基准物，准确称取一定量的纯草酸，溶解后用被标定的NaOH溶液滴定至等当点。根据所消耗的NaOH体积和纯草酸的质量就可以计算出NaOH溶液的准确浓度。

$$C_{NaOH} \times V_{NaOH} = \frac{m_{H_2C_2O_4}}{M_{H_2C_2O_4}} \times 1\,000$$

式中　C——NaOH的摩尔浓度，mol/L；

　　　V——滴定消耗NaOH的体积数，mL；

　　　m——草酸的质量，g；

　　　M——草酸的摩尔质量，g/mol。

2) 用准确浓度的标准溶液标定。例如：0.100 0 mol/L HCL标准溶液的准确浓度为已知的，则可以用它来标定NaOH的准确浓度。计算式如下：

$$C_{HCL} \cdot V_{HCL} = C_{NaOH} \cdot V_{NaOH}$$

标定时应两人同时做4次平行测定,滴定结果的相对偏差不超过0.2%,取平均值计算浓度。

四、质量分析

1. 原理

质量分析的原理就是将被测成分与样品中其他的成分分离,称量被测成分的质量,计算出它的含量。

2. 类型

(1) 萃取法

萃取法指将被测成分用有机溶剂萃取出来,再将有机溶剂除去,称残留物的质量,从而计算出被测成分的含量。

(2) 沉淀法

沉淀法指在样品溶液中加入适当的沉淀剂,使被测成分形成难溶的化合物沉淀出来,然后再根据沉淀物的质量,计算出该成分的含量。

(3) 挥发法

挥发法指将被测成分挥发或将被测成分转化为易挥发的成分除去,称残留物的质量,根据挥发前和挥发后的质量差,计算出被测物质的含量。

第二节 微生物检验基础

→ 掌握微生物的营养知识及生长繁殖规律
→ 掌握细菌染色和菌种保藏方法
→ 能够正确进行革兰氏染色

一、微生物的营养

1. 微生物的营养要求

微生物生长繁殖所需的营养物质主要有水、碳源、氮源、生长因子和无机盐等。

(1) 水

水是各种生物细胞必需的,约占细胞质量的80%~85%。水是良好的溶剂,大多数物质都能溶解于水,微生物新陈代谢过程中的一切生化反应都离不开水的作用。

(2) 碳源

微生物可以利用的碳源范围极广,从大类上说,可以分为有机碳源和无机碳源两大类。凡必须利用有机碳源的微生物就是异养微生物,凡能利用无机碳源的微生物就是自养微生物。碳源是微生物获取能量的主要来源,糖类是利用最广泛的碳源。

(3) 氮源(含氮物质)

氮源主要是供给合成菌体结构的原料,很少作为能源利用。与碳源相似,微生物作为一个整体来说,能利用的氮源种类也十分广泛。某些微生物(如固氮菌)能利用空气中分子态的氮或利用无机氮化物,如铵盐、硝酸盐合成有机氮化物。氮源主要用以合成细胞蛋白质、核酸及其他含氮物质。

(4) 生长因子

对于有些微生物来说,即使供给它适合的碳源、氮源和无机盐类,其仍不能生长,还要供给一定量的所谓"生长因子"。生长因子的种类很多,主要是B族维生素的化合物等。在细胞的氧化过程中,这些维生素如硫胺素、核黄素、生物素、尼克酸等起着非常重要的作用。

(5) 无机盐类

微生物对无机盐的需求量较少,但无机盐是细胞生长的重要元素。无机盐主要为微生物提供除碳、氮以外的各种重要的元素,如P、S、K、Na、Ca、Mg、Fe等,它们的主要功能是构成细胞成分,调节渗透压,维持酶的活性等。

2. 微生物的营养类型

根据微生物所需能量的来源分类,可分为化能营养菌和光能营养菌。能从化学物质氧化中取得能量的称为化能营养菌,能从光线中获得能量的称为光能营养菌。

根据微生物对碳源的要求分类,可将其分为自养菌和异养菌两大营养类型。凡能利用无机碳合成菌体内有机碳化物的称为自养菌,不能利用无机碳而需要有机碳才能合成菌体内有机碳化物的称为异养菌。

因此,根据微生物所需的碳源和能源的不同,将微生物分为光能自养菌、光能异养菌、化能自养菌、化能异养菌。

3. 营养物质的运输

外界环境的营养物质只有被微生物吸收到细胞内,才能被微生物分解与利用。微生物生长过程中产生的一些代谢产物也必须分泌到细胞外,在这两个过程中,细胞膜起着重要作用。目前一般认为,营养物质主要以扩散、促进扩散、主动运输和基团转位4种方式通过微生物细胞膜。

二、微生物的生长繁殖规律

1. 微生物的生长和繁殖

微生物在适宜的环境条件下,不断地吸收营养物质,并按照自己的代谢方式进行代谢活动，如果同化作用大于异化作用，则细胞质的量不断增加，体积增大，表现为生长。简单地说，生长就是有机体的细胞组分与结构在量方面的增加。

以细菌为例，细菌是单细胞生物，生长往往伴随着细胞数目的增加。当细胞成熟后就以简单的横二分裂方式繁殖，形成两个基本相同的子细胞，子细胞又重复以上过程。在单细胞微生物中，由细胞分裂而引起的个体数目的增加称为繁殖。在一般情况下，当环境条件适合，生长与繁殖始终是交替进行的。从生长到繁殖是一个由量变到质变的过程，这个过程就是发育。

如果微生物处于一定的环境条件下，生长发育正常，繁殖速率就高；如果某些环境条件发生改变，且超出了生物可以适应的范围，就会对微生物机体产生抑制甚至杀灭作用。

2. 细菌纯培养的群体生长规律

大多数细菌的繁殖速度都很快，大肠杆菌在适宜条件下，每 20 min 左右便可分裂一次，如果始终保持这样的繁殖速度，一个细菌在 48 h 内，其子代群体将达到无法想象的数量。然而，实际情况并非如此。

将少量单细胞纯培养物接种到一恒定容积的新鲜液体培养基中，在适宜的条件下培养，定时取样测定其细菌含量，可以看到以下现象：开始有一段短暂时间，细菌数量并不增加，稍后细菌数目增加很快，既而细菌数又趋稳定，最后逐渐下降。若以细菌生长时间为横坐标，以细菌数目的对数为纵坐标作图，画出的一条曲线叫细菌生长繁殖曲线，通常又称为细菌的生长曲线，如图 1—1 所示。生长曲线代表了细菌在新的适宜环境中生长繁殖直至衰老死亡全过程的动态变化。根据细菌生长繁殖速率的不同，可将生长曲线大致分为适应期、对数期、稳定期和衰老期 4 个阶段。

（1）适应期

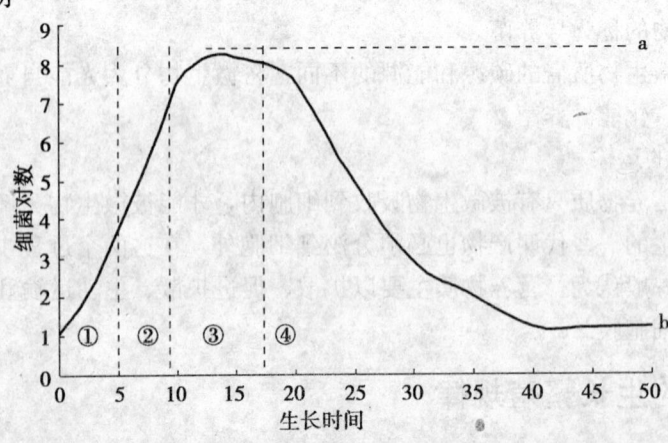

①—适应期　②—对数期　③—稳定期　④—衰老期　a—总菌数　b—活菌数

图 1—1　细菌的生长曲线

细菌接种到新鲜培养基后 1~2 h 以内称为适应期。细菌在适应期一般不立即进行繁殖，生长速度近于零。这时细菌主要处于适应阶段，菌体不分裂，菌数不增加，甚至稍有减少。处于适应期细菌细胞的特点是分裂迟缓、代谢活跃。适应期的长短与菌种、接种量和培养基成分等有关。

（2）对数期

对数期又称指数期。这一阶段突出特点是细菌数以最快的速度进行繁殖，菌数以几何数增加，生长曲线直线上升，对数期大约持续 5~6 h。

（3）稳定期

稳定期又称最高生长期。处于稳定期的微生物，新增殖的细胞数与老细胞的死亡数几乎相等，整个培养物中二者处于动态平衡，此时生长速度又逐渐趋向零。稳定期的活菌数保持不变，但细菌的活力较强，大多数芽孢细菌也在此阶段形成芽孢。

（4）衰老期

随着生长的持续进行，细菌生存所需的营养物质被大量消耗，有害代谢物逐渐增多，死亡的细菌数超过了新生的细菌数，此时活菌的数量逐渐减少，此阶段叫衰老期。

3. 影响微生物生长与死亡的因素

生长是微生物与外界环境因素共同作用的结果。环境条件改变，可引起微生物形态、生理、生长、繁殖等特征的改变；适宜的外部环境能够促进微生物的生长发育，但不利的外部环境也会对微生物产生破坏作用，甚至导致其死亡。

为了抑制和消除微生物的有害作用，人们常采用多种物理、化学或生物学方法，来抑制或杀死微生物。常用以下术语来表示对微生物的杀灭程度：

（1）消毒

用物理或化学方法仅能杀灭物体上的病原微生物，而对非病原微生物及芽孢和孢子不一定完全杀死，称为消毒。用来消毒的药物称为消毒剂。

（2）灭菌

用物理或化学方法杀灭物体上所有的微生物（包括病原微生物和非病原微生物及细菌芽孢、霉菌孢子等），称为灭菌。

（3）防腐

应用化学药品防止或抑制微生物生长和繁殖的方法称为防腐或抑菌。用于防腐的化学药品称为防腐剂。

（4）无菌

无菌指不存在任何微生物的状态。通过适当的灭菌操作即可达到这种状态。采取防止或杜绝一切微生物进入动物机体或物体的方法，称为无菌法。以无菌法操作时称为无菌操作。在进行微生物学实验时，要求严格的无菌操作，防止微生物的污染。

三、细菌的染色和鉴别

1. 染色的原理

微生物的染色原理是借助染料与微生物所发生的物理、化学变化而判断的。由于细菌的等电点较低，pH值在2~5之间，故常用碱性染料进行染色。

2. 常用的染料

染料按电离后染料离子带电荷的不同可分为酸性染料、碱性染料、中性染料、单纯染料4大类。酸性染料有伊红、刚果红、苯胺黑等。碱性染料有美兰、甲基紫、结晶紫、碱性复红等。中性染料是酸性染料与碱性染料的结合物，如Gimsa染料。单纯染料不易溶解于水，但能溶于脂肪溶液中，如Sudanb的染料。

3. 细菌制片和染色的基本程序

微生物的染色方法很多，各种方法应用的染料也不尽相同，但是一般染色都要通过制片及一套染色操作程序。染色的基本程序如下：

制片→干燥→固定→染色→脱色→复染→水洗→干燥→镜检

（1）制片

取干净的无油污的载玻片一张（或载玻片在使用前应浸在酒精瓶中），在其上滴一滴蒸馏水，将接种环在酒精灯火焰上灼烧灭菌，待接种环放凉后，挑取少许培养物，置载玻片的水滴中，与水混合成悬液并涂成直径约1 cm的薄层，涂面要薄而均匀。若用液体培养物涂片，可直接挑取菌液进行涂片，不需用盐水稀释。需要注意的一点是接种环取菌后要用火焰灭菌以备下次使用。

（2）干燥

涂片最好在室温下自然干燥，有时为了使之干得更快，可将标本面向上，手持载玻片一端的两侧，小心地在酒精灯外焰上方微微加热，使水分蒸发，但切勿紧靠火焰或加热时间过长，以防标本因烤枯而变形。

（3）固定

固定的目的有3个：杀死微生物，固定菌体的形态；保证菌体能更牢地黏附在载玻片上，防止标本被水冲洗掉；染色时不掉色，不变形。

固定常常利用高温，手执载玻片的一端（涂有标本的远端），将载玻片的涂面朝上，在酒精灯火焰上来回快速通过3~5次，以载玻片触及皮肤不觉过烫为宜，冷却后，进行染色。

（4）染色

标本固定后，滴加染色液。染色的时间各不相同，视标本与染料的性质而定，有时染色还要加热。染料作用标本的时间平均约为1~3 min，在所有的染色时间内，整个涂片（或有标本的部分）应该浸在染料之中。

(5) 脱色

用醇类或酸类处理染色的细胞,使之脱色。可检查染料与细胞结合的稳定程度,鉴别不同种类的细菌。常用的脱色剂是95%酒精和3%盐酸溶液。

(6) 复染

脱色后再用一种染色剂进行染色,与不被脱色部位形成鲜明对照,以便于观察。革兰氏染色在酒精脱色后用石碳酸复红液进行最后染色,就是复染。

(7) 水洗

染色到一定的时间,用细小的水流从标本的背面把多余的染料冲洗掉,被菌体吸附的染料则保留。

(8) 干燥

着色标本洗净后,用吸水纸把多余的水吸去,然后晾干或微热烘干。用吸水纸时,切勿使载玻片翻转,以免将菌体擦掉。

(9) 镜检

干燥后的标本用显微镜观察。

4. 染色方法

微生物染色方法一般分为单染色法和复染色法两种。单染色用一种染料使微生物染色,但不能鉴别微生物。复染色法是用两种或两种以上染料,有协助鉴别微生物的作用,故也称鉴别染色法。常用的复染色法有革兰氏染色法和抗酸性染色法,此外还有鉴别细胞各部分结构的(如芽孢、鞭毛、细胞核等)特殊染色法。食品微生物检验中常用的是单染色法和革兰氏染色法。

(1) 单染色法

用一种染色剂对涂片进行染色,简便易行,适于进行微生物的形态观察。在一般情况下,细菌菌体多带负电荷,易于和带正电荷的碱性染料结合而被染色。因此,常用碱性染料进行单染色,如美兰、孔雀绿、碱性复红、结晶紫等。若使用酸性染料,多用刚果红、伊红、藻红和酸性品红等。使用酸性染料时,要降低染液的pH值,使其呈现强酸性(低于细菌菌体等电点),让菌体带正电荷,才易于被酸性染料染色。

单染色法一般要经过涂片、固定、染色、水洗和干燥五个步骤。染色结果依染料不同而不同(见表1—4)。

表1—4　　　　　　　　　不同染料的染色结果

染料	染色结果
石碳酸复红染色液	着色快,时间短,菌体呈红色
美兰染色液	着色慢,时间长,效果清晰,菌体呈蓝色
草酸铵结晶染色液	染色迅速,着色深,菌体呈紫色

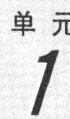

(2) 革兰氏染色法

革兰氏染色法是细菌学中广泛使用的一种鉴别染色法。细菌先经碱性染料结晶染色，用碘液媒染后再用酒精脱色，在一定条件下有的细菌颜色不被脱去，有的可被脱去，因此可把细菌分为两大类，若细菌保持第一次染料的颜色称为革兰氏阳性菌（G^+），如被脱色，并染上了复染料的颜色，称为革兰氏阴性菌（G^-）。有芽孢的杆菌和绝大多数的球菌以及所有的放线菌和真菌都呈革兰氏阳性反应；弧菌，螺旋体和大多数致病性的无芽孢杆菌都呈阴性反应。革兰氏染色法一般包括初染、媒染、脱色、复染4个步骤，具体操作方法是：

1）涂片，自然干燥，固定。
2）草酸铵结晶紫染液滴于涂面上，染1 min。
3）将染色液倾去，用自来水冲洗。
4）加碘液覆盖涂面，染1 min。
5）倾去碘液后用自来水洗净。
6）加95%酒精数滴，并轻轻摇动进行脱色，30 s后水洗，用吸水纸吸去水分。
7）番红染色液复染1 min，用自来水冲洗。
8）干燥，镜检。

染色的结果：革兰氏阳性菌染成紫色，革兰氏阴性菌染成红色。

四、菌种的保藏

1. 菌种保藏原则

菌种应由专人负责保存，保存时应坚持以下原则：

(1) 保持菌种的纯净，严防杂菌污染。
(2) 按时移植继代，避免菌种死亡。
(3) 菌种变动应及时登记，便于备查。
(4) 除少数须在室温中保存的液体菌种外，液体菌种应保存在4~6℃的冰箱内；干粉菌种应放在-17℃的冰箱内冷冻保存。每份菌种保存2份，1份用于继代，1份备用。
(5) 除保存最近一代的菌种外，前一代的各管菌种也应保存，以备新继代的菌种发生污染或死亡时能够补救（仅限于试管菌种，干粉不在此列）。

2. 菌种保藏方法

(1) 液体石蜡法

液体石蜡法是在生长良好的斜面或穿刺培养物上覆盖经过灭菌的液体石蜡，液面高出斜面顶部1 cm，直立试管架上4~15℃保存。液体石蜡可进行160℃干热灭菌1 h或湿热灭菌后120℃烘去水分处理。保藏期间要注意培养基不能露出石蜡液面，否则会影响保存时间。

(2) 定期移植保藏法

定期移植保藏法包括斜面培养、液体培养、穿刺培养等，这种方法简便易行，不需要特殊设备，能随时观察保存菌株的情况。将菌种接种在各自适宜的斜面培养基上或液体培养基中，也可穿刺培养，待生长完全后，置于4℃左右冰箱内保藏。保藏环境湿度在50%~70%以下，每4~6个月移植一次。此方法保藏温度较低，可减缓微生物的代谢繁殖速度，但还有一定的活动条件，因而保存时间短、传代多、易退化。用无菌的橡皮塞密封试管可避免水分蒸发，隔绝氧的供给，保藏时间可延长至数年。

(3) 砂管保藏法和土壤保藏法

土壤颗粒对微生物具有一定的保护作用。操作时取河沙过24目筛，用10%~20%盐酸浸泡除去有机质，洗涤，中性烘干，分装安瓿瓶，加塞灭菌，以斜面培养健壮的生孢子微生物，用无菌水洗下孢子成悬液，滴10滴于砂管中搅匀，或直接用接种针挑取孢子拌匀，放置干燥器内真空干燥后火焰熔封。土壤法以土壤代替河沙，不需酸洗，经风干，粉碎，过24目筛，分装灭菌后备用。

(4) 冻结真空干燥保藏法

冻结真空干燥保藏法也称低压冻干法或冷冻干燥法，是指将液体样品在冻结状态下升华其中水分，最后达到干燥。此法兼具了低温、干燥、缺氧几方面条件，使微生物可以保藏较长时间，是目前广泛采用的好方法，但程序较为烦琐，且需要一定的设备。

安瓿管先用2%盐酸浸泡、洗净、烘干后，加入菌种号码标签条，加塞湿热灭菌。微生物斜面培养至平衡期或形成孢子，加入保护剂制成细胞悬液。悬液细胞浓度为10^8~10^{10}个/mL为宜，立即分装安瓿瓶于-40℃预冻1 h，再于-30~-20℃、真空度为13.3 Pa的条件下脱水，脱水后的样品含水量应在3%以下。最后将安瓿瓶保持真空度1.3 Pa，用火焰熔封，置10℃条件下保存。

(5) 其他保藏方法

1) 硅胶保藏法以硅胶代替河沙，操作和砂管保藏法相同。

2) 滤纸保藏法将细胞或孢子吸附在滤纸上干燥后保藏。

3) 麸皮保藏法又称曲法保藏，取麸皮与水或营养液以一定比例拌匀，分装试管，灭菌后接入保藏菌种，适宜温度培养生长良好后，放入氯化钙干燥器中，干燥后在20℃以下储藏。

4) 蒸馏水保藏法。蒸馏水保藏法是最简单的保藏方法，将蒸馏水分装试管，每管5 mL灭菌，从斜面或平板取一环细胞于试管中，用无菌橡皮塞塞紧，于10℃条件下保藏。

5) 液氮超低温保藏法。该法是将菌种悬液密封于安瓿管中，控制速度，冻结后储存于-150~-196℃液氮超低温冰箱中。

第三节　数据处理及误差分析

→ 掌握标准偏差的计算方法
→ 掌握可疑数据取舍的方法

一、精密度

在日常的检验工作中，检测结果是否准确并不确定，但可以通过多次测定的方法来得出一个准确的结果。精密度就是在同一测定中多次检测结果相接近的程度。分析结果重现率越高，精密度越大，反之越小。

1. 平均值

所测数据的算术平均值就能够代表总体的平均水平。有限次数据平均值用 $\bar{x}$ 表示，计算如下：

$$\bar{x} = \frac{x_1 + x_2 + x_3 + \cdots x_n}{n} = \frac{\sum_{i=1}^{n} x}{n}$$

无限多次测量的平均值用 μ 表示，当 x 无限接近于 μ 时，就越接近真实值。这时就可以认为所测量数据越接近准确的数值，即精确度越高。

2. 极差

极差是一组测量数据中最大值与最小值的差。用公式表示如下：

$$R = X_{最大值} - R_{最小值}$$

即极差越大表明数据之间的偏差越大，精密度越低；极差越小表明数据之间的偏差越小，精密度就越高。极差反映的是数据之间的离散趋势，是精密度高低最简单的表示方式。

3. 平均偏差

平均偏差是一组数据中各个值与平均数值的符合程度。各个数值与平均值偏差的绝对值再除以数据个数，所得的数值就是平均偏差值。用公式可表示如下：

$$\bar{d} = \frac{|d_1| + |d_2| + \cdots + |d_n|}{n} = \frac{\sum_{i=1}^{n} |d_i|}{n}$$

平均偏差占平均值的百分数或千分数叫相对平均偏差。用公式可表示如下：

$$A\% = \frac{\bar{d}}{\bar{x}} \times 100$$

由于平均偏差表示的意义并不明确，不能表达出精密程度的实际情况，所以平均偏差使用的比较少。

4. 标准偏差

标准偏差也叫均方差，对有限次数（$n<20$）的测定标准偏差用 S 表示：

$$S = \sqrt{\frac{\sum_{i=1}^{n}(x_i-\bar{x})^2}{n-1}} = \sqrt{\frac{\sum_{i=1}^{n}d_i^2}{n-1}}$$

即各数据偏差平方和除以数据个数减 1 的平方根。由于式中对单个数据偏差平方之后，较大的偏差就突出地反映出来，所以标准偏差能更好地说明数据的离散程度。

二、可疑数据的取舍

在乳品检测过程中，经常发现测量结果有几个数值比其他值偏差较大，这些偏差较大的数值称为可疑数据。在进行分析时，不能简单地将这些数据舍弃掉，否则会影响测量结果的真实性，但有一种例外，即化验人员明知道在实验过程中发生了明显的错误，这时可以将这些偏差值舍弃。目前，取舍数据常用以下两种方法。

1. $4\bar{d}$ 法

$4\bar{d}$ 法就是将可疑数据舍去后，将其他的数据进行平均值和平均偏差的计算。如果可疑值与平均值差值的绝对值大于或等于 4 倍的平均偏差值，那么可疑值就应该舍去，否则就应保留。用数学式表达如下：

$$|可疑值-不包括可疑值的平均值| \geq 4\bar{d}$$

即：$|x'-\bar{x}| \geq 4\bar{d}$ 或 $\frac{|x'-\bar{x}|}{\bar{d}} \geq 4$

【例题 1】如测定 4 次某原料乳的酸度值分别为 15.8，15.5，16.0，15.7（单位°T），问 16.0 是否应该舍弃？

解：设 16.0 为可疑值，其余 3 值的平均值、平均偏差值如下（见表 1—5）：

表 1—5　　　　　　　　3 次结果的平均值和平均偏差值

测定值	平均值	偏差值	平均偏差值
15.8		+0.1	
15.5	15.7	−0.2	0.1
15.7		+0.0	

则 $\frac{|16.0-15.7|}{0.1} = 3 < 4$

所以 16.0 应该保留。

2. Q值检验法

$4\bar{d}$ 法适合较多次测定的多个数据可疑值的舍弃，但对于次数少的测定结果用 Q 检验法就比较合适。Q 值检验适用于少于 10 次测定的精密度检验。

Q 值检验用公式表示为：

$$\frac{|可疑值-可疑值的邻近值|}{极差}=Q$$

用可疑值计算得到的 Q 值，与一定测定次数下的置限概率为 90% 的极限 Q 值比较（结果真实值所在的范围叫置信区间，真实值落在置信区间的概率称为置信概率）。若 $Q<Q_{0.90}$ 极限值，则可疑值是允许的，故可以保留；$Q>Q_{0.90}$ 极限值，可疑值超出许可范围，则应舍弃。不同测定次数下的置信概率为 90% 的极限 Q 值（见表 1—6）。

表 1—6　　　　　　置信概率为 90% 的极限 Q 值表

测定次数	3	4	5	6	7	8	9	10
$Q_{0.90}$	0.94	0.76	0.64	0.56	0.51	0.47	0.44	0.41

【例题 2】在例题 1 中，某原料乳的酸度值分别为 15.8，15.5，16.0，15.7，4 次测定结果用 Q 值检验法检验，问 16.0 可疑值是否需要保留？

解：4 次原料乳酸度检验结果按从小到大的顺序排列为：15.5，15.7，15.8，16.0

$$极差=X_{最大}-X_{最小}=16.0-15.5=0.5$$

16.0 的邻近值是 15.8，那么 $Q=|16.0-15.8|/0.7=0.28$

查表可知 $n=4$，$Q=0.76$，故 16.0 酸度的检验应保留。

第四节　乳品检验相关法律法规

→ 掌握《中华人民共和国计量法》的基本内容
→ 掌握《中华人民共和国标准化法》的基本内容

一、《中华人民共和国计量法》

为了加强计量监督管理，保障国家计量单位制的统一和量值的准确可靠，有利于生产、贸易和科学技术的发展，适应社会主义现代化建设的需要，维护国家、人民的利益，制定《中华人民共和国计量法》（以下简称《计量法》）。

1. 适用范围

(1) 在中华人民共和国境内，建立计量基准器具、计量标准器具，进行计量检定，制造、修理、销售、使用计量器具，必须遵守《计量法》。

(2) 国家采用国际单位制。国际单位制计量单位和国家选定的其他计量单位，为国家法定计量单位。国家法定计量单位的名称、符号由国务院公布。非国家法定计量单位应当废除。废除的办法由国务院制定。

(3) 国务院计量行政部门对全国计量工作实施统一监督管理。县级以上地方人民政府计量行政部门对本行政区域内的计量工作实施监督管理。

2. 计量基准器具、计量标准器具和计量检定

(1) 国务院计量行政部门负责建立各种计量基准器具，作为统一全国量值的最高依据。

(2) 县级以上地方人民政府计量行政部门根据本地区的需要，建立社会公用计量标准器具，经上级人民政府计量行政部门主持考核合格后使用。

(3) 国务院有关主管部门和省、自治区、直辖市人民政府有关主管部门，根据本部门的特殊需要，可以建立本部门使用的计量标准器具，其各项最高计量标准器具经同级人民政府计量行政部门主持考核合格后使用。

(4) 企业、事业单位根据需要，可以建立本单位使用的计量标准器具，其各项最高计量标准器具经有关人民政府计量行政部门主持考核合格后使用。

(5) 县级以上人民政府计量行政部门对社会公用计量标准器具，部门和企业、事业单位使用的最高计量标准器具以及用于贸易结算、安全防护、医疗卫生、环境监测方面的列入强制检定目录的工作计量器具，实行强制检定。未按照规定申请检定或者检定不合格的，不得使用。实行强制检定的工作计量器具的目录和管理办法，由国务院制定。对前款规定以外的其他计量标准器具和工作计量器具，使用单位应当自行定期检定或者送其他计量检定机构检定，县级以上人民政府计量行政部门应当进行监督检查。

(6) 计量检定必须按照国家计量检定系统表进行。国家计量检定系统表由国务院计量行政部门制定。

计量检定必须执行计量检定规程。国家计量检定规程由国务院计量行政部门制定。没有国家计量检定规程的，由国务院有关主管部门和省、自治区、直辖市人民政府计量行政部门分别制定部门计量检定规程和地方计量检定规程，并向国务院计量行政部门备案。

(7) 计量检定工作应当按照经济合理的原则，就地就近进行。

3. 计量器具管理

(1) 制造、修理计量器具的企业、事业单位，必须具备与所制造、修理的计量器具相适应的设施、人员和检定仪器设备，经县级以上人民政府计量行政部门考核合格，取

得《制造计量器具许可证》或者《修理计量器具许可证》。

制造、修理计量器具的企业未取得《制造计量器具许可证》或者《修理计量器具许可证》的,工商行政管理部门不予办理营业执照。

(2) 制造计量器具的企业、事业单位生产本单位未生产过的计量器具新产品,必须经省级以上人民政府计量行政部门对其样品的计量性能考核合格,方可投入生产。

(3) 未经国务院计量行政部门批准,不得制造、销售和进口国务院规定废除的非法定计量单位的计量器具和国务院禁止使用的其他计量器具。

(4) 制造、修理计量器具的企业、事业单位必须对制造、修理的计量器具进行检定,保证产品计量性能合格,并对合格产品出具产品合格证。县级以上人民政府计量行政部门应当对制造、修理的计量器具的质量进行监督检查。

(5) 进口的计量器具,必须经省级以上人民政府计量行政部门检定合格后,方可销售。

(6) 使用计量器具不得破坏其准确度,损害国家和消费者的利益。

(7) 个体工商户可以制造、修理简易的计量器具。

制造、修理计量器具的个体工商户,必须经县级人民政府计量行政部门考核合格,发给《制造计量器具许可证》或者《修理计量器具许可证》后,方可向工商行政管理部门申请营业执照。个体工商户制造、修理计量器具的范围和管理办法,由国务院计量行政部门制定。

二、《中华人民共和国标准化法》

为了发展社会主义商品经济,促进技术进步,改进产品质量,提高社会经济效益,维护国家和人民的利益,使标准化工作适应社会主义现代化建设和发展对外经济关系的需要,制定《中华人民共和国标准化法》(以下简称《标准化法》)。

1. 适用范围

(1) 对下列需要统一的技术要求,应当制定标准:

1) 工业产品的品种、规格、质量、等级或者安全、卫生要求。

2) 工业产品的设计、生产、检验、包装、储存、运输、使用的方法或者生产、储存、运输过程中的安全、卫生要求。

3) 有关环境保护的各项技术要求和检验方法。

4) 建设工程的设计、施工方法和安全要求。

5) 有关工业生产、工程建设和环境保护的技术术语、符号、代号和制图方法。

重要农产品和其他需要制定标准的项目,由国务院规定。

(2) 标准化工作的任务是制定标准、组织实施标准和对标准的实施进行监督。标准化工作应当纳入国民经济和社会发展计划。

(3) 国家鼓励积极采用国际标准。

(4) 国务院标准化行政主管部门统一管理全国标准化工作。国务院有关行政主管部门分工管理本部门、本行业的标准化工作。

省、自治区、直辖市标准化行政主管部门统一管理本行政区域的标准化工作。省、自治区、直辖市政府有关行政主管部门分工管理本行政区域内本部门、本行业的标准化工作。

市、县标准化行政主管部门和有关行政主管部门，按照省、自治区、直辖市政府规定的各自的职责，管理本行政区域内的标准化工作。

2. 标准的制定

(1) 对需要在全国范围内统一的技术要求，应当制定国家标准。国家标准由国务院标准化行政主管部门制定。对没有国家标准而又需要在全国某个行业范围内统一的技术要求，可以制定行业标准。行业标准由国务院有关行政主管部门制定，并报国务院标准化行政主管部门备案，在公布国家标准之后，该项行业标准即行废止。对没有国家标准和行业标准而又需要在省、自治区、直辖市范围内统一的工业产品的安全、卫生要求，可以制定地方标准。地方标准由省、自治区、直辖市标准化行政主管部门制定，并报国务院标准化行政主管部门和国务院有关行政主管部门备案，在公布国家标准或者行业标准之后，该项地方标准即行废止。

企业生产的产品没有国家标准和行业标准的，应当制定企业标准，作为组织生产的依据。企业的产品标准须报当地政府标准化行政主管部门和有关行政主管部门备案。已有国家标准或者行业标准的，国家鼓励企业制定严于国家标准或者行业标准的企业标准，在企业内部适用。

法律对标准的制定另有规定的，依照法律的规定执行。

(2) 国家标准、行业标准分为强制性标准和推荐性标准。保障人体健康，人身、财产安全的标准和法律、行政法规规定强制执行的标准是强制性标准，其他标准是推荐性标准。

省、自治区、直辖市标准化行政主管部门制定的工业产品的安全、卫生要求的地方标准，在本行政区域内是强制性标准。

(3) 制定标准应当有利于保障安全和人民的身体健康，保护消费者的利益，保护环境。

(4) 制定标准应当有利于合理利用国家资源，推广科学技术成果，提高经济效益，并符合使用要求，有利于产品的通用互换，做到技术上先进，经济上合理。

(5) 制定标准应当做到有关标准的协调配套。

(6) 制定标准应当有利于促进对外经济技术合作和对外贸易。

(7) 制定标准应当发挥行业协会、科学研究机构和学术团体的作用。

制定标准的部门应当组织由专家组成的标准化技术委员会,负责标准的草拟,参加标准草案的审查工作。

(8) 标准实施后,制定标准的部门应当根据科学技术的发展和经济建设的需要适时进行复审,以确认现行标准继续有效或者予以修订、废止。

3. 标准的实施

(1) 强制性标准,必须执行。不符合强制性标准的产品,禁止生产、销售和进口。推荐性标准,国家鼓励企业自愿采用。

(2) 企业对有国家标准或者行业标准的产品,可以向国务院标准化行政主管部门或者国务院标准化行政主管部门授权的部门申请产品质量认证。认证合格的,由认证部门授予认证证书,准许在产品或者其包装上使用规定的认证标志。

已经取得认证证书的产品不符合国家标准或者行业标准的,以及产品未经认证或者认证不合格的,不得使用认证标志出厂销售。

(3) 出口产品的技术要求,依照合同的约定执行。

(4) 企业研制新产品、改进产品,进行技术改造,应当符合标准化要求。

(5) 县级以上政府标准化行政主管部门负责对标准的实施进行监督检查。

(6) 县级以上政府标准化行政主管部门,可以根据需要设置检验机构,或者授权其他单位的检验机构对产品是否符合标准进行检验。法律、行政法规对检验机构另有规定的,依照法律、行政法规的规定执行。

处理有关产品是否符合标准的争议,以前款规定的检验机构的检验数据为准。

单元测试题

一、**填空题**(请将正确的答案填在横线空白处)

1. _____是准确称量后能够直接配制成标准溶液的一种试剂。
2. 我国对化学试剂的等级分为_____级。
3. 常用的金属指示剂有_____、_____。
4. 容量分析可分为以下几种_____、_____、_____、_____。
5. 标准溶液的标定有两种方法即_____和_____。
6. 微生物生长繁殖所需的营养物质主要有_____、_____、_____、_____和_____。
7. 根据微生物对碳源的要求不同,可将其分为_____和_____两大类型。
8. 细菌生长的曲线可分为_____、_____、_____和_____ 4个阶段。
9. 微生物的染色方法一般有_____和_____两种。
10. 单染色一般要经过_____、_____、_____、_____和_____ 5个

步骤。

11. _____是细菌学中广泛使用的一种鉴别染色法，1884年由丹麦医师Gram创立。
12. 极差是一组测量数据中_____与_____的差。
13. 用革兰氏染色法可将细菌分为_____和_____两类。
14. 标准偏差也叫_____。
15. 可疑数据的取舍一般有两种方法即_____和_____。
16. 地方标准由省、自治区、直辖市标准化行政主管部门制定，并报_____和国务院有关行政主管部门备案。
17. 平均偏差是一组数据中各个值与_____的符合程度。

二、单项选择题（下列每题的选项中，只有1个是正确的，请将正确答案的代号填在横线空白处）

1. _____是合成菌体成分的原料，也是微生物获取能量的主要来源。
   A. 水　　　　　B. 碳源　　　　C. 氮源　　　　D. 无机盐
2. 用于滴定酸度的指示剂称为_____。
   A. 氧化还原指示剂　B. 金属指示剂　C. 酸碱指示剂　D. 混合指示剂
3. 凡能利用无机碳合成菌体内有机碳化物的细菌称为_____。
   A. 自养菌　　　B. 异养菌　　　C. 好氧菌　　　D. 厌氧菌

三、多项选择题（下列每题的选项中，至少有2个是正确的，请将正确答案的代号填在横线空白处）

1. 常用碱性染料进行单染色，如_____等。
   A. 美兰　　　　B. 孔雀绿　　　C. 碱性复红　　D. 结晶紫
2. 标本干燥后即进行固定，固定的目的有_____。
   A. 杀死微生物，固定菌体的形态
   B. 保证菌体能更牢的黏附在载玻片上，防止标本被水冲洗掉
   C. 染色不掉色，不变形
   D. 方便镜检
3. 县级以上人民政府计量行政部门对社会公用计量标准器具，部门和企业、事业单位使用的最高计量标准器具，以及用于_____方面的列入强制检定目录的工作计量器具，实行强制检定。
   A. 贸易结算　　B. 安全防护　　C. 医疗卫生　　D. 环境监测
4. 产品标准包括_____。
   A. 国家标准　　B. 行业标准　　C. 企业标准　　D. 地方标准
5. 质量分析的类型有_____。

A. 挥发法　　　　B. 萃取法　　　C. 沉淀法　　　D. 滴定法

四、简答题

1. 化学试剂的保存应注意几点？
2. 简述细菌染色的程序和步骤。

单元测试题答案

一、填空题

1. 基准试剂　2. 三　3. 络黑T　钙试剂　4. 中和法　氧化还原法　络合滴定法　沉淀法　5. 用基准物标定　用准确浓度的标准溶液标定　6. 水　碳源　氮源　无机盐　生长因子　7. 自养菌　异养菌　8. 适应期　对数期　稳定期　衰亡期　9. 单染色法　复染色法　10. 涂片　固定　染色　水洗　干燥　11. 革兰氏染色法　12. 最大值　最小值　13. 革兰氏阴性菌　革兰氏阳性菌　14. 均方差　15. $4\overline{d}$法　Q值检验法　16. 国务院标准化行政主管部门　17. 平均数值

二、单项选择题

1. B　2. A　3. A

三、多项选择题

1. ABCD　2. ABC　3. ABCD　4. ABCD　5. ABC

四、简答题

答案略。

单元 1

第 2 单元

乳品感官检验与理化检验

- 第一节　感官检验/26
- 第二节　理化检验仪器设备/28
- 第三节　理化检验原理和方法/37
- 第四节　异常乳与掺假乳/59

第一节 感官检验

→ 了解感官检验指标
→ 掌握感官检验方法

一、感官检验指标

感官检验是依据人的感觉器官来判定乳品的颜色、色泽、口感、状态等的一种方法。感官检验主要有色泽、滋气味、组织状态3项。

1. 色泽

色泽是感官评价乳与乳品品质的一个重要因素。判定时可从明度、色调、饱和度3个方面进行衡量和比较。

（1）明度

明度指颜色的明暗程度。物体表面的光反射率越高，人眼感受到的视觉效果就越明亮，这就是说它的明度越高。新鲜的乳与乳品常具有较高的明度，明度的降低往往意味着不新鲜，如放置时间过长的牛乳明度就较新鲜的牛乳低很多。

（2）色调

色调对于色泽起着决定性的作用，由于人眼的视觉对色调的变化较为敏感，色调稍微改变对色泽的影响就会很大。色调的改变可以用语言或其他方式恰如其分地表达出来，如褪色或变色。

（3）饱和度

饱和度指颜色的深浅、浓淡程度，也就是某种颜色色调和显著程度。当物体对光谱中某一较窄范围波长的光的反射率很低或根本没有反射时，表明它具有很高的选择性，这种颜色的饱和度就越高。当某波长的光成分越多时，颜色也就越不饱和。乳颜色的深浅、浓淡变化对于感官鉴别而言也是很重要的。

2. 滋气味

滋气味指乳与乳品本身所固有的、独特的气味，即乳与乳品的正常气味。嗅觉是指浮游于空气中的微粒子，经鼻孔刺激嗅觉神经所引起的感觉。人的嗅觉较为复杂，也很敏感。当乳与乳品发生异常时，首先其气味就会发生变化，这样通过人的嗅觉器官可以很方便地将其辨别出来。如储存时间过长的酸牛乳，由于其他杂菌的生长繁殖，就可能产生刺鼻的酸味。此时酸奶表面也容易滋生霉菌，散发出明显的霉味。

乳与乳品中的可溶性物质能够溶于唾液直接刺激舌面的味觉神经，发生味觉反应。舌的两侧边缘是普通酸味的敏感区，舌根对于苦味较敏感，舌尖对于甜味和咸味较敏感，但这些都不是绝对的，在感官评价乳与乳品的品质时应通过舌的全面品尝决定。

味觉与温度有关，一般在10～45℃范围内较适宜，尤其以30℃时最敏锐。随温度的降低，各种味觉都会减弱，苦味最为明显，而温度升高又会发生同样的减弱。所以在判定乳品的滋气味时，样品的温度要合适，否则会影响结果的判定。

3. 组织状态

组织状态是指乳品从外观上观察出其具有的一些特点，如黏稠度、细腻程度等。组织状态也是体现乳品质量的一个重要指标。在实际生产中，尤其是酸乳产品的生产中，组织状态是决定产品好坏最重要的指标。用黏度计可以对酸奶产品的组织状态的好坏进行定量判定。

二、感官检验方法

感官检验主要从视觉、味觉、嗅觉和触觉4个方面进行检验。

1. 视觉检验

视觉检验是通过观察乳品的外观形态、色泽、组织状态等，进行产品质量的评价，是判断乳与乳品质量的一个重要感官手段。检验固体样品时应注意整体外观、大小、形态、块形的完整程度、清洁程度、颜色的深浅等。如乳粉，正常的乳粉从视觉角度来看应是稍黄的均匀粉状物，无杂质，颗粒大小均一。检验液态样品时，要将它注入无色的玻璃器皿中，透过光线来观察，也可将瓶子颠倒过来，观察其中有无夹杂物下沉或絮状物悬浮。观察乳饮料时也要如此，这是因为有些乳饮料的包装是不透明的塑料瓶（或袋），肉眼无法观察出它的状况，通过无色的器皿就能直观地判断出样品的质量状况。

2. 味觉检验

感官检验中的味觉对于辨别乳与乳品品质的优劣是非常重要的一环。味觉检验是借助人的味觉器官，通过品尝乳品的滋味和风味，进而判断乳品的质量。味觉器官不但能品尝到食品的滋味如何，而且对极轻微的变化也能敏感地察觉出。在进行滋味检验时，最好使样品处在20～35℃之间，因为温度的变化会增强或减弱对味觉器官的刺激。不同味道的样品在进行感官评价时，应当按照刺激性由弱到强的顺序，先品尝味道弱的，再鉴别味道强的。在进行大量样品检验时，中间必须休息，每鉴别一种样品之后必须用温水漱口。

3. 嗅觉检验

嗅觉检验是借助人的嗅觉器官对乳品质量进行判断。人的嗅觉器官十分敏感，甚至用仪器分析的方法也不易检查出来的极轻微的变化，用嗅觉检验却能够发现。当有轻微的腐败变质时,就会有异味产生。由于气味是由一些具有挥发性的物质形成,所以在进行嗅觉检验时常需稍微加热,但最好是在15~25℃的常温下进行,因为挥发性物质常随温度的高低而增减。

气味检验的顺序应当是先检验气味淡的,后检验气味浓的,以免影响嗅觉的灵敏度。在检验前禁止吸烟,因为吸烟会影响检验者的嗅觉判断。

4. 触觉检验

触觉检验是凭借触觉来检验样品的膨、松、软、硬、弹性,以评价食品品质的优劣,通过被检样品作用于检验者的触觉器官所产生的反应来评价产品质量的一种方法。乳制品中需要用触觉进行鉴别的主要是干酪、奶油、乳粉等。如乳粉的检验,通过触摸可以对乳粉质量进行初步判定;再如奶油,好的奶油触摸时光滑、细腻,而较差的奶油则手感粗糙。在感官测定样品硬度时,要求环境温度在15~20℃之间,因为温度的高低会导致食品状态的改变。

第二节 理化检验仪器设备

→ 掌握理化检验仪器设备的工作原理和维护保养方法
→ 能够正确进行理化检验仪器设备的操作

一、电子天平

1. 构造

电子天平主要由操作键、显示屏、挡风圈、秤盘、防风罩、水平调节脚、下秤钩和水平泡组成,如图2—1所示。

2. 工作原理

当电子天平的秤盘上放入被称物时,传感器的位置检测器信号发生变化,并通过放大器反馈,使传感器线圈中的电流增大,该电流在恒定磁场中产生一个反馈力与所加载电荷相平衡;同时,该电流在测量电阻 R_m 上的电压值通过滤波器、数据转换器送入微处理器,进行数据处理,最后由显示器自动显示出被称物体的质量数值。

3. 使用方法

(1) 调节水平

电子天平有一个水平泡及两只水平调节脚,使用前不断调节两只水平调节脚,直到水平泡至中央位置,此时天平完全水平。

图 2—1 电子天平

(2) 开机

让秤盘空载并单击"ON"键,天平显示自检过程,当天平回零时,天平就可以称量了。

(3) 称量

1) 直接称量。将样品放在秤盘上,等待稳定指示符消失,读取称量结果。

2) 去皮称量。将空容器放在天平秤盘上,显示其重量值,单击"去皮"键,在空容器内加料,显示净重值。去皮称量后单击"清零"键及时清零,以便下次正常称量。

(4) 关机

按住"OFF"键,直到关机,松开该键。

4. 维护保养

(1) 将天平置于稳定的工作台上,避免震动、气流冲击及阳光照射。

(2) 称量易挥发和腐蚀性的物品时,要将其盛放在密闭的容器中,以免腐蚀和损坏电子天平。

(3) 经常对电子天平自校或定期外校,保证其处于最佳状态。

(4) 如果电子天平出现故障应及时检修,不可带"病"工作。

(5) 操作天平不可过载使用,以免损坏天平。

(6) 清洗天平之前，先将天平与工作电源断开。

(7) 称量后的废弃物要用刷子小心去除。

(8) 在清洗时不能使用强力清洁剂（溶剂类等），应用中性清洁剂（肥皂）浸湿的清洁布擦拭（擦拭时不要让液体浸到天平内部），然后用干净的清洁布擦干。

二、凯氏定氮仪

1. 全玻璃的凯氏定氮仪

（1）构造

凯氏定氮仪由蒸汽发生器、反应管及冷凝器 3 部分组成，如图 2—2 所示。

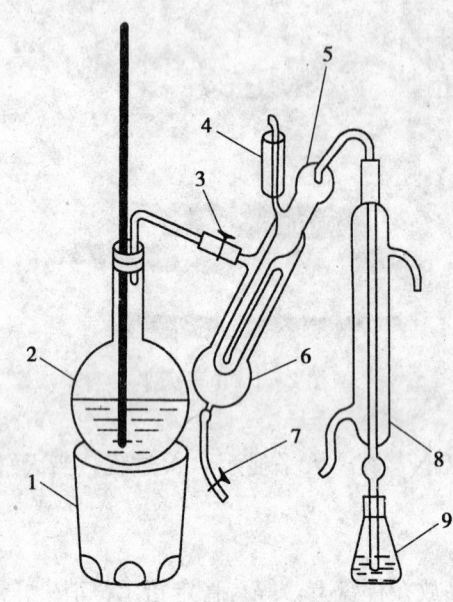

图 2—2　凯氏定氮仪

1—电炉子　2—水蒸气发生器（平底烧瓶）　3—螺旋夹　4—小烧杯及棒状玻塞
5—反应室　6—反应室外层　7—橡皮管及螺旋夹　8—冷凝器　9—蒸馏液接收瓶

（2）工作原理

蛋白质是含氮的有机化合物。首先，将乳品与硫酸和催化剂一同加热消化，使蛋白质分解，分解的氨与硫酸结合生成硫酸铵。其次，碱化蒸馏，使氨游离，用硼酸吸收后再以硫酸或盐酸标准溶液滴定，根据酸的消耗量乘以换算系数，所得结果即为蛋白质含量。其反应式如下：

$$2NH_2(CH_2)_2COOH + 13H_2SO_4 = (NH_4)_2SO_4 + 6CO_2 + 12SO_2 + 16H_2O$$

$$(NH_4)_2SO_4 + 2NaOH = 2NH_3\uparrow + Na_2SO_4 + 2H_2O$$

$$2NH_3 + 4H_3BO_3 = (NH_4)_2B_4O_7 + 5H_2O$$

$$(NH_4)_2B_4O_7+2HCL+5H_2O=2NH_4CL+4H_3BO_3$$

（3）使用方法

向定氮仪的水蒸气发生瓶内装水至约 2/3 处，加甲基红指示液数滴及数毫升硫酸，加入数粒玻璃珠以防暴沸，用调压器控制，加热水蒸气发生瓶内的水至沸腾。向接收瓶内加入硼酸溶液及混合指示剂，并使冷凝管的下端插入液面下，吸取样品消化稀释液由小玻璃杯流入反应室，塞紧小玻璃杯的棒状玻璃塞。将氢氧化钠溶液倒入小玻璃杯中，提起玻璃塞使气体缓缓流入反应室，将玻璃塞塞紧，并加水到小玻璃杯中以防漏气。夹紧螺旋夹开始蒸馏，水蒸气通入反应室使氨通过冷凝管而进入接收瓶内，蒸馏 5 min，移动接收瓶，使冷凝管下端离开液面，再蒸馏 1 min 后用少量水冲洗冷凝管下端，取下接收瓶，用标准硫酸或盐酸溶液滴定。

（4）维护保养

1）应控制通入蒸汽的量及速度，防止溶液沸腾冲入吸收液中。

2）小心清洗，避免打碎仪器。

2. 半自动或全自动凯氏定氮仪

由于传统的玻璃制作的凯氏定氮仪不易操作，且蒸馏时间长，现在国内外各厂家都开发研制了各种系列的半自动或全自动凯氏定氮仪，操作简便，蒸馏时间缩短至 5 min 左右。半自动凯氏定氮仪可进行自动蒸馏，滴定由人工完成。全自动凯氏定氮仪蒸馏、滴定和结果计算一次完成。下面以 KDN－05A 半自动定氮仪为例，进行介绍：

（1）构造

主要由自控器、碱液桶、蒸馏管、托架和控制面板几部分组成。

（2）工作原理

采用全玻璃的凯氏定氮仪的工作原理实行强碱转换，在自控器的作用下通过蒸馏使氨挥发，经过大容量冷凝器被硼酸吸收，从而达到快速正确测定的目的。

（3）使用方法

1）开电源和自控器开关，关蒸汽和碱液开关。

2）开自来水龙头。

3）开气阀，关水阀。

4）等气阀冒气后约 1 min，电流表回落到 10 A 以内，关气阀。

5）取 250 mL 锥形瓶放在托架上，将导出管插入其内。

6）左手取消化管加 100 mL 自来水，将蒸汽管插入其内，上口轻轻套在蒸馏管密封圈上，按下台架，将消化管坐落其中合上保护罩。

7）打开蒸汽开关进行蒸馏，见锥形瓶中接收满 150 mL 刻度线时将其取下。

8）关蒸汽开关，打开保护罩戴手套，右手按下台架，左手按消化管，先将底部拉出台架，再将上口轻轻脱开密封圈，将废液倒掉。

9) 取250 mL锥形瓶，加入25 mL2％的硼酸溶液和3滴混合指示剂摇匀，此时颜色为灰红色，将锥形瓶放在托架上导出管插入液面。

10) 将盛有消化液的消化管（消化器上消化好的，冷却后加蒸馏水到50 mL刻度线）套上密封圈，坐落在台架上合上保护罩。

11) 选择开关至手动挡。

12) 开碱液开关，当碱液将到消化管100 mL刻度线时关。

13) 开蒸汽开关进行蒸馏，见锥形瓶中的接收液到150 mL刻度线时将锥形瓶取下来。

14) 打开保护罩，戴手套取下消化管，倒掉废液。

15) 测定完毕后，关自来水龙头和自控器开关，开水阀和气阀，放掉自控器里的水，放完后关自控器开关。

16) 关电源开关。

(4) 维护保养

1) 开自来水龙头时，水流不宜太大，以免稳压器溢水。

2) 检测完毕后，将仪器擦洗干净，保持整洁。

3) 仪器要放平稳，避免碱液流出。

三、离心沉淀机

1. 构造

离心沉淀机主要由机盖、电机、转盘、转盘上的离心管套、速度调节器、时间调节器组成，如图2—3所示。

2. 工作原理

利用离心机高速旋转时产生的离心力，将沉淀物甩到离心管底部使其与溶液分开。

3. 使用方法

(1) 先将盛有待测样品的对称离心管和离心管套放在天平上称量平衡，如果待测样品数是单数，对称离心管内可加入同量的水或其他液体。

(2) 将盖盖好，打开电源开关，慢慢将速度调节器调至所需刻度，再将时间调节器调至所需时间，达到所调至的工作时间后，离心机会自动停止。

(3) 待离心机完全停止后，打开机盖，取出待测样品。

4. 维护保养

(1) 离心管必须对称放置，否则不平衡会损害机器和离心管。

(2) 开动离心机应逐渐加速，当发现声音不正常时，要停机检查，排除故障后再工作。

(3) 关闭离心机后应等其自动停止，不要用手强制停止。

图 2—3 离心沉淀机

（4）离心管的套管要保持清洁，管底应垫上橡皮垫，以免离心管破碎。

四、马弗炉

1. 构造

马弗炉主要由箱体、箱门、炉膛、温度控制器组成，如图 2—4 所示。

2. 工作原理

炉内的温度控制普遍采用温度调节器，温度调节器主要由一块毫伏表和一个继电器组成，连接一支相匹配的热电偶进行温度控制。热电偶是装在一根耐高温的瓷管中，并从马弗炉后部中间的小孔伸入炉膛内。热电偶随着炉温不同产生不同的电势，电势的大小直接用温度数值在控制器表头上显示出来。当指示温度的指针慢慢上升与事先调好的温度控制指针相遇时，继电器立即自动切断电路，停止加热；但温度下降，上下指针分开时，继电器又使电路重新接通，马弗炉又继续加热。如此循环，就可达到自动控温的目的。

3. 使用方法

（1）打开炉门将待测样品放入炉膛内，接通电源，将温度调节器调至所需温度，关紧炉门。

（2）待温度升到所需温度时，开始记录加热时间，达到加热时间后关闭电源。

（3）待炉温降低后，打开炉门，用长柄坩埚钳取出被测样品。

图 2—4 马弗炉

4. 维护保养

(1) 马弗炉必须放置在稳固的水泥台上。

(2) 查明马弗炉所需电源电压，配置功率合适的插头、插座和熔丝，炉前地面应铺一块厚橡胶，使操作时比较安全。

(3) 灼烧完毕后，不应立即打开炉门，以免炉膛骤然变冷碎裂。

(4) 马弗炉在使用时，要经常查看，防止自控失灵，造成电炉丝烧断等事故。晚间无人值勤时切勿使用马弗炉。

(5) 炉膛内要保持清洁，炉子周围不要堆放易燃易爆物品。

(6) 马弗炉不使用时，应切断电源，将炉门关好，防止耐火材料受潮气侵蚀。

五、乳成分测定仪

现在国内外各厂家生产的乳成分测定仪型号很多，一般都能同时检测脂肪、蛋白质、非脂乳固体、乳糖和冰点 5 个指标，检测时间 2~5 min。现以 LactoStar 乳成分测定仪为例作一介绍，如图 2—5 所示。

1. 构造

乳成分测定仪主要由两个泵、浊度检测区、感热检测区和显示屏等几部分组成。

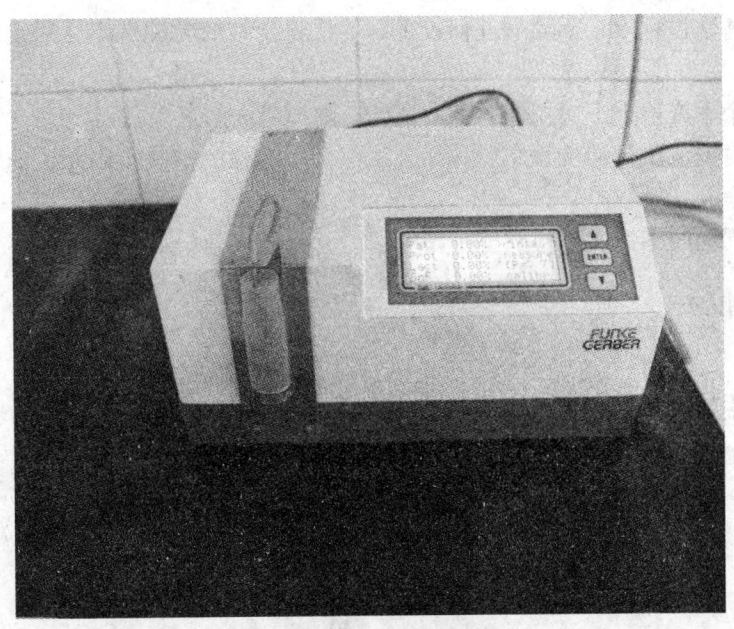

图 2—5 乳成分测定仪

2. 工作原理

检测仪结合了热—光程序检测乳中的成分，检测样品中感热和感光的物质，所有不溶解的物质都会产生浊度，通过浊度测量，可以得到脂肪和蛋白质的总和，脂肪和非脂乳固体是从物理的热效应得出的。

3. 使用方法

(1) 按显示屏的上下箭头键，直至出现 measuring。

(2) 将检测瓶放在瓶架上，使吸管充分进入检测瓶中。样品不能有气泡，否则会干扰检测的结果，仪器需要 20 mL 的样品。

(3) 按"Enter"键开始检测，检测结束后，显示屏上会出现脂肪、蛋白质、乳糖、非脂乳固体和冰点的结果。按向下的箭头，显示屏会滚动到蛋白质、乳糖、非脂乳固体和冰点的结果。

(4) 当检测样品量较少时，可连续检测，检测停止时必须将检测瓶内加入蒸馏水，按显示屏的上下箭头键直至出现 Rinse，按"Enter"键执行清洗程序。大量检测样品的间隔及下班前，检测仪必须用专用的清洗液清洗。将检测瓶中加入清洗液，执行清洗程序，洗完再用蒸馏水清洗 3~5 遍，直至检测水的各项数值在 0.000~0.002 之间。

4. 维护保养

(1) 牛乳样品不需要预热，如果要预热，样品温度不能超过 35℃。

(2) 没有清洗液时，不要运行机器。

(3) 在清洗过程中,不要做任何校正。尽快将凝结的乳冲洗出管路,否则检测区就会彻底损坏。

(4) 每个季度检查一次仪器内部的清洁,除掉里面的灰尘。

(5) 用清洗液执行清洗程序后,如有残留会影响检测结果,因此,一定要用蒸馏水彻底冲洗干净。

(6) 每周应归零一次,检查整个硬件。

六、冰点仪

1. 构造

冰点仪主要由冷阱、搅拌器、引晶装置、温度传感器和温度显示仪表组成,如图2—6所示。

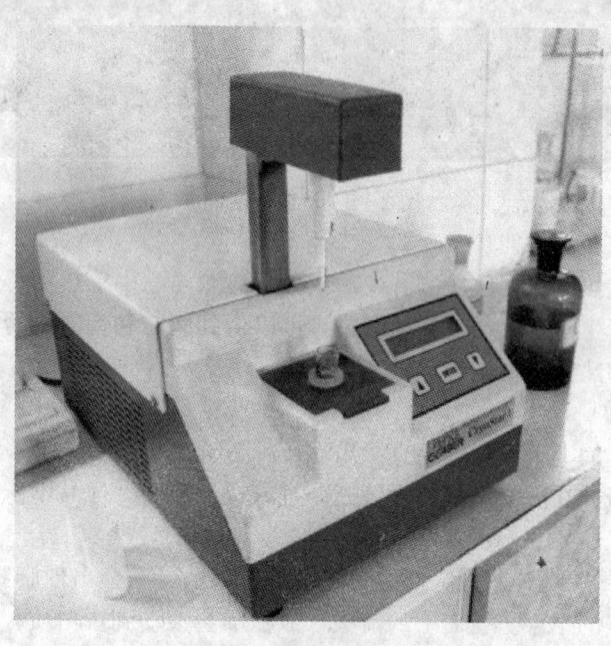

图2—6 冰点仪

2. 工作原理

样品管中放入一定量的待测样品,于冰点以下过冷,当待测样品过冷至某一温度时,进行引晶,结冰后析出热量,使样品温度回升至最高点,并在短时间内保持恒定,然后温度继续下降,温度回升至能够达到的最高点,并在短时间内保持恒定,读取该温度,此温度为样品的冰点下降值。

3. 使用方法

(1) 打开电源,当检测头向上移动时(约5 s内),将蓝色的盖子揭开,将冷却槽液倒在检测标准液池的外围。当液体被吸入冰点仪时，再倒入更多的液体，直至将检测池的内池倒满，并溢到池的外围，当检测内池空着时，外池需保持有 1/3 的液体。

（2）将蓝色盖子重新盖好，冰点仪会自动进入制冷状态。此时装置会显示出瞬间的制冷温度，依照环境温度，制冷时间约为 8～15 min。制冷结束后，冰点仪开始检测。

（3）为了获得精确的数值，每天检测前应先校正冰点仪，按左右键，直到 Calibration A 出现，在试管中注入 2～2.5 mL A 校正液，将试管放到检测池中，按"Enter"键，开始校正，然后按照 A 校正方法同样进行 B 校正。

（4）按左右键，直到 Start measure 出现，在试管中注入 2～2.5 mL 待测样品，将试管放到检测池中，按"Enter"键，开始检测，显示屏会出现样品的冰点值和掺水率。

4. 维护保养

（1）检测池周围装有冷却液，如果要将仪器移动或运输，需用塑料吸瓶将所有冷却液吸出。

（2）为了保护电热调节器的敏感性，应将空的样品试管放入检测池，轻轻地将检测头向下压到内室。

（3）每次更换 A、B 校正液时，一定要用一个新的、干净的试管和移液管头。将校正液取出后，马上盖好盖子。

（4）切勿将校正液混合，先用 A 校正液执行 A 校正，再用 B 校正液执行 B 校正。

第三节 理化检验原理和方法

→ 掌握各项理化项目的检测原理
→ 能够正确进行理化检验操作

一、乳脂肪的测定（罗兹-哥特里法）

1. 测定原理

利用氨溶液使乳中酪蛋白的钙盐成为可溶性钙盐，使结合的脂肪游离，乙醚从乳中提取脂肪，干燥至恒重，称其质量得乳中脂肪含量。

2. 测定方法

（1）试剂

浓氨水、体积分数为 95% 的乙醇、乙醚、石油醚（沸程 30～60℃）。

（2）仪器

1) 罗兹－哥特里抽脂瓶：内径 2.0～2.5 cm，容积 100 mL，如图 2—7 所示。

2) 50 mL 烧杯。

3) 100 mL 脂肪烧瓶：最好用索氏抽脂器上的脂肪烧瓶，用水、乙醇和乙醚依次洗净后，于 100℃ 干燥箱中干燥 30 min，取出，冷却后称重备用。

（3）操作方法

称取 1 g 样品于 50 mL 烧杯中，用 10 mL 温水（60℃左右）分数次溶解，洗入抽脂瓶中，加入 1.25 mL 浓氨水，充分混匀，置 60℃ 水浴中加热 5 min，再振摇 2 min，加入 10 mL 体积分数为 95% 的乙醇，充分摇匀，经冷水冷却后，加入 25 mL 乙醚，振摇 0.5 min，加入 25 mL 石油醚，再振摇 0.5 min，静置 30 min，待上层液澄清时，读取醚层体积。放出醚层至已知重量的烧瓶中，记录放出醚层的体积。蒸馏回收乙醚，置烧瓶于 98～100℃ 的烘箱中干燥 1 h，取出，于干燥器中冷却 25～30 min，于天平上称重，而后再放入烘箱内干燥 0.5 h，冷却，称重，直至前后两次重量相差不超过 2 mg，即为恒重。

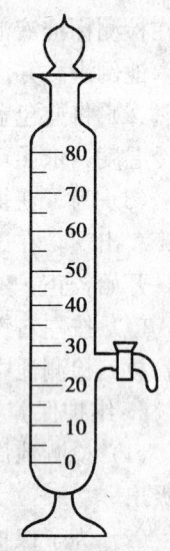

图 2—7 抽脂瓶

（4）结果计算

试样中脂肪的含量按下列公式计算：

$$脂肪（\%）=\frac{W_2-W_1}{W\times\frac{V_1}{V_0}}\times100$$

式中　W——样品质量，g；

　　　W_1——烧瓶质量，g；

　　　W_2——试样质量，g；

　　　V_0——醚层总量，mL；

　　　V_1——放出醚层量，mL。

计算结果保留两位有效数字。

二、蛋白质的测定

1. 测定原理

在加热时，硫酸分解成亚硫酸酐、水和氧。有机物被氧化为二氧化碳和水，而蛋白质的氨态氮与过量硫酸反应转变为硫酸铵，硫酸铵在碱性溶液中进行蒸馏。将蒸馏出来的氨用硼酸吸收，再用硫酸或盐酸标准溶液滴定。

2. 测定方法

（1）试剂

所有试剂如均未注明规格，均指分析纯；所有实验用水，如未注明其他要求，均指三级水。

1) 浓硫酸。
2) 硫酸钾。
3) 硫酸铜（$CuSO_4 \cdot 5H_2O$）。
4) 过氧化氢溶液：体积分数为30%。
5) 硼酸溶液：30 g/L H_3BO_3。取30 g 硼酸，溶解在1 L 水中。
6) 甲基红－溴甲酚绿混合指示剂：用体积分数为95%的乙醇，将溴甲酚绿及甲基红分别配成1 g/L 的乙醇溶液，使用时按1 g/L 溴甲酚绿：1 g/L 甲基红为5∶1 的比例混合。
7) 硫酸标准溶液：$c(H^+)$ 为 0.050 0 mol/L。取3 mL 浓硫酸加到15 mL 水中，冷却后洗入1 000 mL 容量瓶中，定容。
8) 氢氧化钠溶液：质量比为400/1 000。称取400 g 氢氧化钠，用1 000 mL 水溶解，待冷却后移入试剂瓶中。

(2) 仪器
1) 凯氏烧瓶：500 mL 或 250 mL。
2) 定氮蒸汽蒸馏器。
3) 滴定管：25 mL。
4) 三角烧瓶：250 mL。

(3) 操作方法（凯氏定氮装置如图 2—2 所示）

1) 样品的制备。将样品全部移入约2倍样品体积的洁净干燥容器中，立即盖紧容器，反复旋转振荡，使样品混合均匀。

2) 测定。①称取固体样品2 g 或液体样品10 g，精确至0.2 mg，放入凯氏烧瓶中，加入10 g 硫酸钾和1 g 硫酸铜，量取20 mL 浓硫酸，徐徐倒入凯氏烧瓶中，混合。加入硫酸钾的作用是提高硫酸的沸点（338℃），加快反应速度。10 g 硫酸钾将沸点提高到400℃，但过多的硫酸钾会造成沸点太高，生成的硫酸氢铵在513℃时会分解。加入的硫酸铜起催化作用，使氧化作用加速。②凯氏烧瓶的瓶口放一个小漏斗，用微火加热（小心瓶内泡沫冲出而影响结果），当瓶内发泡停止，稍加火力。同时，可分数次加入10 mL 过氧化氢溶液（但必须将烧瓶冷却数分钟以后加入）。当烧瓶内容物的颜色逐渐转化成透明的淡绿色时，继续消化0.5～1 h（若凯氏烧瓶壁粘有碳化粒时，进行摇动或待瓶中内容物冷却数分钟后，用过氧化氢溶液冲下，继续消化至透明为止）。最后取下并使之冷却。③将澄清的试样处理液小心移入100 mL 容量瓶中，水洗3次凯氏烧瓶，洗涤液并入上述容量瓶中，冷却后稀释至刻度并摇匀。④吸取25 mL 试样处理液于定氮蒸馏器中，在冷凝器的下端放置一个盛有50 mL 硼酸溶液、3滴甲基红－溴甲酚绿混合指示剂的 250 mL 锥形瓶中（溶液应呈强碱性），迅速将塞子塞好。通入蒸汽进行蒸馏，蒸至液面达 150 mL 时，提出冷凝器下端的玻璃管，用蒸馏水冲洗冷凝管下端，将洗液一并聚集于硼酸溶液中，使玻璃管靠紧锥形瓶的瓶壁，出液口在 200 mL 刻度线以上，继续蒸馏，蒸至液位达 200 mL。⑤用硫酸标准溶液滴定至溶液出现酒红色为止，记录所用硫酸标准溶液的体积。同时进行空白实验，并在结果中加以校正。

◎特别提示

　　加入样品及试剂时，避免黏附在瓶颈上。

◎特别提示

　　蒸馏时要注意蒸馏情况，避免瓶中的液体发泡冲出，进入接受瓶。如火力太弱，蒸馏瓶内压力减低，则接受瓶内液体会倒流，造成实验失败。

（4）分析结果的表述。样品中蛋白质的含量（g/100 g）：

$$X = \frac{(V_1 - V_2) \times 2 \times c \times 0.014}{m \times \frac{25}{100}} \times F \times 100$$

式中　X——样品中蛋白质的含量，g/100 g（g/100 mL）；

　　　V_1——滴定时消耗硫酸标准溶液的体积，mL；

　　　V_2——空白实验消耗硫酸标准溶液的体积，mL；

　　　$c(H^+)$——硫酸标准溶液中 H^+ 的浓度，mol/L；

　　　0.014——氮原子的摩尔质量，g；

　　　m——样品的质量，g；

　　　F——氮换算为蛋白质的系数［乳粉为 6.38，纯谷物类（配方）食品为 5.90，含乳婴幼儿谷物（配方）食品为 6.25］。

注：空白实验仅不加入样品，操作步骤与样品实验相同。

三、水分的测定

乳品中水分的测定主要是指测定乳粉、奶油、炼乳、干酪等产品中的水分含量。

1. 测定原理

将样品放入（102±2）℃的烘箱中加热，直至恒重，所失去的质量即为水分含量。

2. 测定方法

（1）仪器

1）分析天平：灵敏度为 0.1 mg。

2）适当的皿：最好是铝、镍、不锈钢或玻璃皿，配有移动盖，直径为 50～70 mm，高度为 25 mm。

3) 干燥器：配有有效干燥剂。

4) 鼓风式烘箱：可控制恒温在 (102 ± 2)℃，烘箱中的温度应均匀。

5) 带密封盖的瓶子。

(2) 操作步骤

1) 将样品全部移入两倍于样品体积的干燥、带盖的瓶中，旋转振荡，使之充分混合。

2) 测定。①将皿和盖放入 (102 ± 2)℃的烘箱中，加热 1 h，加盖，然后将皿移入干燥器中，冷却至室温，称量。②将约 3～5 g 样品放入皿中，加盖，迅速准确称量。③将皿和盖（不要放在皿上）放入 (102 ± 2)℃的烘箱中，加热 3 h。④加盖，将皿移入干燥器中，冷却至室温，并迅速准确地称量。⑤再将皿和盖（不要放在皿上）放入 (102 ± 2)℃的烘箱中，加热 1 h。加盖后移入干燥器中，冷却至室温，迅速称量。⑥重复上述操作，直到两次连续称量质量之差不超过 0.000 5 g。

3. 结果计算

$$样品的水分含量（\%）=\frac{m_1-m_2}{m_3}\times100$$

式中　m_1——加入样品后皿和盖的最初质量，g；

m_2——样品烘干后两次称量获得的较小的质量，g；

m_3——样品的质量，g。

4. 允许差

两次测得的结果的最大偏差不得超过 0.05%。

四、非脂乳固体的测定

减量法

1. 测定原理

将待测样品进行烘干加热处理，直到样品恒重为止，剩下的乳固体减去脂肪含量即为非脂乳固体的含量。

2. 测定方法

(1) 仪器和试剂

1) 带盖铝皿或带盖玻璃皿：直径 50～70 mm。

2) 海砂。

(2) 操作步骤

在带盖铝皿中，加入海砂 10～20 g，于 98～100℃烘箱内烘至恒重。吸取 5 mL 牛奶于此铝皿中，至分析天平上称量（准确至 0.2 mg），再置水浴上蒸干，擦去皿壁上的水迹，放入98～100℃的干燥箱中干燥2 h后，加盖取出，但不要盖紧，置于干燥器中冷却后称量；再放入烘箱中干燥2 h取出，冷却20～30 min，将盖盖紧，称重。如此重复至前后2次重量差不超过2 mg为止。

3. 结果计算

$$全乳固体（\%）=\frac{W_2-W_3}{W_1-W_3}\times 100$$

式中　W_1——含有海砂的皿加样品重，g；
　　　W_2——含有海砂的皿加样品干燥后重，g；
　　　W_3——含有海砂的皿重，g。

计算法

利用下式，可由测得的比重和脂肪含量来计算全乳固体的含量。

$$T=0.25L+1.2F+0.14$$

式中　T——全乳固体，%；
　　　F——脂肪，%；
　　　L——乳稠计（15℃/15℃）度数。

$$非脂乳固体（\%）=T-F$$

式中　T——全乳固体，%；
　　　F——脂肪，%。

五、不溶度指数的测定

1. 测定原理

将样品加入到24℃的水中或50℃的水中，用特殊的搅拌器使之复原。静止一段时间后，使一定体积的复原乳在刻度离心管中离心，去除上层液体，加入与复原温度相同的水，使沉淀物重新悬浮。再次离心后，记录所得沉淀物的体积。

2. 测定方法

（1）仪器

1）水浴锅：工作温度为（24±0.2）℃或（50±0.2）℃。

2）温度计：可测定温度为24℃或50℃，误差不超过±0.2℃。

3）表面光滑的勺或干净或光滑的取样纸。

4）天平：准确到0.01 g。

5）塑料量筒：容量为（100±0.5）mL。

6）刷子。

7）电动搅拌器：乳粉不溶度指数检测专用型号。

8）玻璃搅拌杯：容量为500 mL，可与电动搅拌器配套使用。

9）计时器：可显示 0~60 s 和 0~60 min。

10）平勺：长度约 210 mm。

11）电动离心机：乳粉不溶度指数检测专用型号。

12）玻璃离心管：50 mL，锥形，带橡胶塞，20℃时，其容量最大误差如下：

在 0.1 mL 处：±0.05 mL；

0.1~1 mL：±0.1 mL；

1~2 mL：±0.2 mL；

2~5 mL：±0.3 mL；

5~10 mL：±0.5 mL；

在 10 mL 处：±1 mL。

13）虹吸管或与水泵相连的吸管。

14）玻璃棒：长 250 mm，直径为 3.5 mm。

15）放大镜。

（2）试剂

硅酮消泡剂：硅酮乳化液的质量分数为 30%。

（3）操作方法

1）样品制备。测定前，应保证实验室样品至少在室温（20~25℃）下保持 48 h，以使影响不溶度指数的因素在各个样品中趋于一致。反复振荡和翻转样品容器，混合实验室样品。速溶乳粉应小心地混合，以防样品颗粒减小。

2）搅拌杯的准备。把搅拌杯水浴一段时间，水位接近杯顶。根据不溶度指数的测定温度，分别将搅拌杯的温度调至（24±0.2）℃或（50±0.2）℃。

3）样品部分。用勺或在称量纸上称样，精确至 0.01 g，取样量如下：①全脂乳粉、部分脱脂乳粉、全脂加糖乳粉：各 13.00 g；②脱脂乳粉和酪乳粉：10.00 g；③乳清粉：7.00 g。

4）测定。①从水浴中取出搅拌杯，迅速擦干杯外部的水，用量筒向杯中加入（100±0.5）mL、（24±0.2）℃或（50±0.2）℃的水。②向搅拌杯中加入 3 滴硅酮消泡剂，然后加入样品。必要时，可使用刷子，以使全部样品均落入水表面。③将搅拌杯放到搅拌器上固定好，接通搅拌器开关，混合 90 s 后，断开开关。④从搅拌器上取下搅拌杯，将杯在室温下静置 5 min 以上，但不超过 10 min。⑤向杯内的混合物加入 3 滴硅酮消泡剂，用平勺充分混合杯中内容物 10 s，然后立即将混合物倒入离心管中至 50 mL 刻度处。⑥将离心管放入离心机中（要对称放置），使离心机迅速旋转，并在管底部产生 160 g_n 的加速度，然后在 20~25℃下使之旋转 5 min。⑦取出离心管，用平勺去除和倾倒掉管内上层脂肪类物质。竖直握住离心管，用虹吸管或吸管去除上层液体。若为滚筒干燥产品，则吸到顶部液位与 15 mL 刻度处重合；若为喷雾干燥乳粉，则与 10 mL 刻度处重合，注意不要搅动不溶物；若沉淀物体积明显超过 15 mL 或 10 mL，则不再进行下步操作，记录不溶度指数为"15 mL"或">10 mL"，并如前所述标明复原温度。⑧向离心管中加入 24℃或 50℃的水，直到液位与 30 mL 刻度重合，用搅拌棒充分搅拌沉淀物，将搅拌棒抵靠管壁，加入相同温度的水，将搅拌棒上的液体冲下，直到液位与 50 mL 刻度处重合。⑨用橡胶塞塞住离心管口，缓慢翻转离心管 5 次，彻底混合内容物，打开塞子，待与前一次离心的转速和温度相同，再离心 5 min。⑩取出离心管，竖直握住离心管，以适当背景为对照，使眼睛与沉淀物顶部平齐，借助放大镜读取沉淀物体积数。如果沉淀物体积小于 0.5 mL，则精确至 0.05 mL；如果沉淀物体积大于 0.5 mL，则精确至 0.1 mL；如果沉淀物顶部倾斜，则估算其体积数；如果沉淀物顶部不齐，则使离心管垂直放置几分钟。记录复原水温度。

5）分析结果的表述。样品的不溶度指数等于记录的沉淀物体积的毫升数，报告复原时所用水的温度，例如，0.1 mL（24℃），2.1 mL（50℃）。

六、膳食纤维的测定

第一法 酶重量法

1. 测定原理

干燥后的试样经热稳定 α—淀粉酶、蛋白酶和淀粉葡萄糖苷酶酶解消化，酶解液通过乙醇沉淀、过滤，乙醇和丙酮洗涤残渣后干燥、称重，得到总膳食纤维（TDF）残渣；酶解液通过直接过滤、热水洗涤残渣、干燥后称重，得到不溶性膳食纤维残渣（IDF）；滤液用乙醇沉淀，过滤、干燥、称重后得到可溶性膳食纤维（SDF）残渣。TDF、IDF 和 SDF 的残渣扣除蛋白质、灰分和空白即得 TDF、IDF 和 SDF 含量。

2. 试剂和溶液

除非另有说明，在分析中应使用确认为分析纯的试剂和蒸馏水或去离子水或相当纯度的水。

(1) 95％乙醇

1）85％乙醇溶液：取 895 mL95％乙醇置 1 L 容量瓶中，用水稀释至刻度，混匀。

2）78％乙醇溶液：取 821 mL95％乙醇置 1 L 容量瓶中，用水稀释至刻度，混匀。

(2) 热稳定 α—淀粉酶溶液。CAS 9000—85—5，IUB3.2.1.1，不能含丙三醇作稳定剂，0～5℃冰箱储存。

1）酶活力表示 1：淀粉为底物，以 Nelson/Somogyi 还原糖表示——10 000 单位/mL＋1 000 单位/mL（1 个酶活力单位定义为：40℃，pH6.5 时，每分钟释放 1 μmol 还原糖所需要的酶量）。

2）酶活力表示 2：以硝基苯基麦芽糖为底物：3 000Ceralpha 单位/mL＋300Ceralpha 单位/mL（1 个酶活力单位定义为：40℃，pH6.5 时，每分钟释放 1 μmol 对硝基苯基所需要的酶量)。

(3) 蛋白酶。CAS 9014—01—1，IUB3.4.21.14，不含丙三醇稳定剂，用 MES－TRIS 缓冲液配成浓度为 50 mg/mL 的蛋白酶溶液，现用现配，0～5℃储存。

1) 酶活力表示 1：酪蛋白测试，300～400 单位/mL，或 7～15 单位/mg。1 个酶活力单位定义为 40℃，pH8.0 时，每分钟从可溶性酪蛋白中水解出（并溶于三氯乙酸）1 μmol 酪氨酸所需要的酶量；或定义为：37℃，pH7.5 时，每分钟从酪蛋白中水解得到一定量的酪氨酸（相当于 1.0 μmol 酪氨酸在显色反应中所引起的颜色变化，显色用 Folin－Ciocalteau 试剂）时所需要的酶量。

2) 酶活力表示方法 2：偶氮－酪蛋白测试，300～400 单位/mL。1 个内肽酶活力单位定义为 40℃，pH8.0 时，每分钟从可溶性酪蛋白中水解出（并溶于三氯乙酸）1 μmol 酪氨酸所需要的酶量。

(4) 淀粉葡萄糖苷酶溶液。不能含丙三醇做稳定剂，CAS 9032—08—0，IBU3.2.1.3，0～5℃储存。

1) 酶活力表示方法 1：淀粉/葡萄糖氧化酶—过氧化物酶法，2 000～3 300 单位/mL。1 个酶活力单位定义为：40℃，pH4.5 时，每分钟释放 1 μmol 葡萄糖所需要的酶量。

2) 酶活力表示方法 2：对－硝基苯基－β－麦芽糖苷（PNPBM）法，130～200 单位/mL。1 个酶活力单位定义（1PNP 单位）为：40℃，有过量的 β－葡萄糖苷酶存在条件下，每分钟从对－硝基苯基－β－麦芽糖苷释放 1 μmol 对－硝基苯基所需要的酶量。

(5) 酸洗硅藻土。CAS 68855—54—9，取 200 g 硅藻土于 600 mL 的盐酸中（HCL：H_2O=1∶4 体积比），浸泡过夜，过滤，用蒸馏水洗至滤液为中性，置于（525±5）℃马弗炉中灼烧灰粉后备用。

(6) 2－(N－吗啉代)－磺酸基乙烷(MES)：CAS 4432—31—9，纯度＞99.5%。

(7) 三羟甲基氨基甲烷（TRIS）：CAS 77—86—1，纯度＞99%。

(8) MES－TRIS 缓冲液（0.05 mol/L）：称取 19.52 gMES 和 12.2 gTRIS，用 1.7 L 蒸馏水溶解，用 6 mol/L 氢氧化钠调 pH 至 8.2±0.1，加水稀释至 2 L（注意：24℃时 pH 为 8.3；28℃时 pH 为 8.1。一定要根据温度调 pH，20℃和 28℃之间的偏差，用内插法校正）。

(9) 盐酸溶液（0.561 mol/L）：取 93.5 M16 mol/L 盐酸，加入 700 mL 水，混匀后用水定容至 1 L。

(10) 石油醚：沸程 30～60℃。

(11) 丙酮。

(12) 氢氧化钠。

3. 仪器和设备

(1) 高型无导流口烧杯：400 mL 或 600 mL。

(2) 坩埚：具粗面烧结玻璃板，孔径 40～60 μm。清洗后的坩埚在马弗炉中 525℃ 灰化 6 h，炉温降至 130℃以下取出，于重铬酸钾洗液中浸泡 2 h，分别用水和蒸馏水冲洗干净，最后用 15 mL 丙酮冲洗后风干。

(3) 真空溶剂过滤装置：真空泵或有调节装置的抽吸器。1 L 的抽滤瓶，侧壁有抽滤口，以及与抽滤瓶配套的橡胶塞，用于酶解液的抽滤。

(4) 恒温振荡水浴：95～100℃。

(5) 分析天平：感量 0.1 mg。

(6) 天平（台秤）：4 000 g 量程，感量 0.1 g。

(7) 马弗炉：(525±5)℃。

(8) 烘箱：105℃，(130±3)℃。

(9) 真空干燥箱。

(10) 干燥器：二氧化硅或同等的干燥剂。

(11) pH 计：具有温度补偿功能，精度±0.1。

(12) 微量凯氏定氮仪。

(13) 移液器：100 μL，5 mL；一次性移液器吸头。

4. 试样制备

(1) 脂肪含量小于 10% 的食品。取混匀后的样品于 70℃ 真空干燥过夜，置于干燥器中冷却，干样粉碎后过 0.3～0.5 mm 筛。若试样不能加热，则冷冻干燥后再粉碎过筛。粉碎过筛后的干燥试样存放于干燥器中待用。

(2) 脂肪含量大于 10% 的食品。取适量高温干燥或冷冻干燥的样品经石油醚分别 25 mL 脱脂 3 次，混匀后于 70℃ 真空干燥过夜，置于干燥器中冷却，干燥后要记录由石油醚造成的试样损失，最后计算膳食纤维含量时进行校正。粉碎过筛后的干燥试样存放于干燥器中待用。

(3) 含糖量高的食品。取适量样品每克试样加 10 mL85% 乙醇处理样品进行 2～3 次脱糖处理，40℃下干燥过夜，粉碎过筛后的干样存放于干燥器中待用。

5. 分析步骤

(1) 水分含量测定。按 GB/T 5009.3—2003 测定试样中水分含量，用于结果计算。

(2) 酶解

1) 准确称取双份试样（m_{s1} 和 m_{s2}）各 1 g，两份质量差≤0.005 g，精确至 0.1 mg，置于 400 mL 或 600 mL 高型烧杯中，同时制备双份空白样，在每个烧杯中加入 40 mL pH8.2 的 MES—TRIS 缓冲液，磁力搅拌，直至试样完全分散在缓冲液中。

2) 热稳定 α—淀粉酶酶解：加 50 μL 热稳定 α—淀粉酶溶液加盖铝箔，置于 95℃恒温振荡水浴中持续振摇,当烧杯内温度升至95℃开始计时,反应30 min。

3)冷却:将烧杯取出,冷却至60℃。用刮勺将烧杯内壁的环状物以及烧杯底部的胶状物刮下,用10 mL蒸馏水冲洗烧杯壁和刮勺。

4)蛋白酶酶解:在每个烧杯中各加入100 μL(50 mg/mL)蛋白酶溶液,加盖铝箔,置于60℃恒温振荡水浴中,当烧杯内温度达60℃时开始计时,持续振摇反应30 min。

5)pH值调节:反应30 min后,边搅拌边加入5 mL 0.56 mol/L盐酸。严格控制60℃,用1 mol/L氢氧化钠溶液或1 mol/L盐酸溶液调pH至4.5±0.2。

6)淀粉葡萄糖苷酶酶解:在上述溶液中边搅拌边加入100 μL淀粉葡萄糖苷酶溶液,加盖铝箔,持续振摇,当烧杯内温度达到60℃时开始计时,反应30 min。

(3)测定

1)总膳食纤维测定

①沉淀。在每份试样中,加入预热至60℃的95%乙醇225 mL(预热以后的体积),乙醇与样液的体积比为4:1,取出烧杯,盖上铝箔,室温下沉淀1 h。建议改为:称量酶解液的质量,用天平加入4倍质量的预热至60℃的95%乙醇,于4℃冰箱中沉淀过夜。

②过滤。在干燥的坩埚中加入1 g硅藻土,70℃真空干燥至恒重。记录坩埚加硅藻土的质量(精确至0.1 mg)。用15 mL 78%乙醇将硅藻土润湿并用真空溶剂过滤装置在抽真空条件下使硅藻土平铺于坩埚中,抽滤。用刮勺和78%乙醇将所有残渣转至坩埚中。

③洗涤。分别用15 mL 78%乙醇、15 mL 95%乙醇和15 mL丙酮洗涤残渣各两次,抽滤去除洗涤液后,将坩埚连同残渣在105℃烘干过夜。将坩埚置于干燥器中冷却1 h,称重(包括坩埚、膳食纤维残渣和硅藻土精确至0.1 mg)。减去坩埚和硅藻土的干重,计算残渣质量。

④蛋白质和灰分的测定。称完质量的残渣和硅藻土的混合物,一份用GB/T 5009.5—2003测定氮(N)含量,以N×6.25为换算系数,计算蛋白质质量;另一份试样按GB/T 5009.4—2003测定灰分,即在525℃灰化5 h,于干燥器中冷却,精确称量坩埚总重(精确至0.1 mg),减去坩埚和硅藻土的干重,计算灰分质量。

2)不溶性膳食纤维测定

①称试样的质量按分析步骤中酶解第一步进行,酶解按照分析步骤中酶解第二步至第六步进行。

②过滤洗涤:试样酶解液全部转移至坩埚中过滤,残渣用10 mL 70℃热蒸馏水洗涤2次,合并滤液,转移至另一600 mL高脚烧杯中,备测可溶性膳食纤维(按测定步骤中第三步)。残渣分别用15 mL 78%乙醇、15 mL 95%乙醇和15 mL丙酮各洗涤两次,抽滤去除洗涤液,并按总膳食纤维测定中的第三步进行洗涤、干燥、称重,记录残渣

质量。

③按总膳食纤维测定中的第四步测定蛋白质和灰分。

3）可溶性膳食纤维测定

①计算滤液体积：将不溶性膳食纤维过滤后的滤液收集到 600 mL 高型烧杯中。通过称"烧杯+滤液"总重，扣除烧杯质量的方法估算滤液的体积。

②沉淀：滤液加入 4 倍体积预热至 60℃的 95%乙醇，室温下沉淀 1 h。以下测定按总膳食纤维测定中的第二步至第四步进行。

6. 结果计算

样品中膳食纤维含量（DF）以质量分数计，以%表示，TDF、IDF 和 SDF 均按式（1）、式（2）计算：

$$DF = \frac{\frac{m_{R1}+m_{R2}}{2} - m_P - m_A - m_R}{\frac{m_{S1}+m_{S2}}{2}} \times 100 \quad (1)$$

$$m_B = \frac{m_{BR1}+m_{BR2}}{2} - m_{PB} - m_{AB} \quad (2)$$

式中 DF——样品中膳食纤维含量（TDF、IDF、SDF），%；

m_{R1} 和 m_{R2}——双份试样残渣的质量，mg；

m_P 和 m_A——试样残渣中蛋白质和灰分的质量，mg；

m_B——空白的质量，mg；

m_{S1} 和 m_{S2}——试样的质量，mg；

m_{BR1} 和 m_{BR2}——双份空白测定的残渣质量，mg；

m_{PB}——残渣中蛋白质质量，mg；

m_{AB}——残渣中灰分质量，mg；

平行测定结果用算数平均值表示，保留一位小数。

7. 允许差

在重复条件下获得的两次独立测定结果的绝对差值不得超过算术平均值的 10%。

第二法 酶重量法—液相色谱法

1. 范围

本方法适用于含有抗性麦芽糊精的糖果蜜饯（含巧克力及制品）、粮食及制品、糕点、饮料、乳制品、肉制品和保健食品等食品中总膳食纤维的测定。

2. 术语和定义

（1）总膳食纤维（total dietary fiber，TDF）

总膳食纤维包括不溶性膳食纤维（insoluble dietary fiber，IDF）、高分子质量在乙醇中沉淀的可溶性膳食纤维（soluble dietary fiber，SDF）和低分子质量可溶于乙醇的可溶性抗性麦芽糊精（resistant maltodextrin，RMD）。

（2）抗性麦芽糊精（resistant maltodextrin，RMD）

葡萄糖聚合物的聚集体，分子质量分布为 504（DP－3）到大于 10 000（DP－62），平均分子质量为 2 000。

3. 检测原理

取试样两份，在热稳定 α－淀粉酶、蛋白酶和淀粉葡萄糖苷酶的依次作用下将试样中的淀粉、蛋白质等酶解为溶解态的小分子。酶解液经乙醇沉淀、抽滤，用乙醇和丙酮洗涤残渣，干燥后称重，减去由两份残渣分别测定得到的蛋白质和灰分的质量，计算出不溶性膳食纤维和在乙醇中沉淀的高分子质量可溶性膳食纤维的总量（IDF＋SDF）。抽滤液经脱盐，高效液相色谱内标法定量洗脱液中的低分子质量可溶于乙醇的抗性麦芽糊精（RMD）。将两部分的值相加即得到样品中的总膳食纤维（TDF）。

4. 试剂

除非另有说明，在分析中仅使用确认为分析纯的试剂和蒸馏水或去离子水或相当纯度的水。

（1）～（12）同第一法试剂中的（1）～（12）。

（13）右旋葡萄糖：CAS 50－99－7，纯度＞99.5%。

（14）丙三醇：CAS 56－81－5，纯度＞99.5%。

（15）麦芽糊精：纯度＞95%。

（16）多胺基弱碱性离子交换树脂（OH－型）：在去离子水中溶胀 1 周后备用。

（17）大孔强酸性苯乙烯型阳离子交换树脂（Na－型）：采用以下方法转化为 H－型进行活化。取 500 g 树脂在水中溶胀 1 周，水漂洗后加 1 200 mL 水和 400 mL 37% 的盐酸，不时搅拌 4 h。水漂洗后加 2 L 水浸泡 2 h，重复一次漂洗后备用。

（18）1% 丙三醇标准溶液：称取丙三醇 1 g，精确到 0.1 mg，加去离子水定容到 100 mL。

（19）右旋葡萄糖和丙三醇标准溶液：分别称量 10.0 mg、20.0 mg 和 50.0 mg 右旋葡萄糖标准品，精确到 0.1 mg，各加入 4 mL 1% 的丙三醇标准溶液，用去离子水定容到 25 mL。

（20）1% 麦芽糊精溶液：称取麦芽糊精 1 g，精确到 0.1 mg，加去离子水定容到 100 mL。

5. 仪器和设备

实验室常规仪器和以下各项：

（1）～（13）同第一法仪器和设备中的（1）～（13）。

（14）玻璃柱：75 cm 长，15 mm 内径，下端带 1 号砂芯，具聚四氟旋塞。

（15）旋转蒸发仪。

(16) 高效液相色谱议：具有示差检测器（RID）。

(17) 凝胶保护柱：6.0 mm×40 mm，6 μm。

(18) 凝胶色谱柱：7.8 mm×300 mm，6 μm，两根。

6. 试样制备

(1) 同第一法试样制备的第一步。

(2) 同第一法试样制备的第二步，但对含糖量高的食品不必进行脱糖。

7. 分析步骤

(1) 水分含量测定

同第一法水分含量测定的第一步。

(2) 酶解

1) 同第一法酶解的第一步。

2) 同第一法酶解的第二步。热稳定α—淀粉酶的用量为100 μL。

3) 同第一法酶解的第三步。

4) 同第一法酶解的第四步。

5) 同第一法酶解的第五步。

6) 同第一法酶解的第六步。淀粉葡萄糖苷酶用量为300 μL。

(3) 酶重量法

测定不溶性膳食纤维（IDF）和高分子质量可溶性膳食纤维（SDF）的总含量。

1) 沉淀：同第一法总膳食纤维的沉淀方法。

2) 过滤：同第一法总膳食纤维的过滤方法。

3) 洗涤：用20 mL78％乙醇洗高型烧杯3次。在真空条件下洗坩埚中残渣，依次用洗烧杯后的20 mL78％乙醇洗3次，10 mL95％乙醇洗2次，10 mL丙酮冲洗2次。向滤液中加入10 mL内标溶液，然后用78％的乙醇溶液定容至500 mL，混匀。

4) 浓缩：取200 mL滤液于50℃条件下旋转蒸发至近干，用蒸馏水定容至50 mL。

5) 称量：将坩埚在70℃真空干燥过夜。称量坩埚、膳食纤维残渣和硅藻土的质量，精确到0.1 mg。减去过滤中坩埚和硅藻土的质量，计算包含不溶性膳食纤维（IDF）和高分子质量在乙醇中沉淀的可溶性膳食纤维（SDF）残渣的质量。

6) 灰分的测定：取双份试样中的一份残渣，按GB/T 5009.4—2003测定试样中的灰分。

7) 蛋白质的测定：取双份试样中的另一份残渣，按GB/T 5009.5—2003方法测定试样中的蛋白质含量。

(4) 液相色谱法

用高效液相色谱法测定试样中的低分子质量抗性麦芽糊精的含量。

1) 脱盐。在玻璃柱中加入溶胀好并充分混合的10 g OH—型多氨基弱碱性离子交换树脂和 10 g 转化为 H—型的 Na—型大孔强酸性苯乙烯型阳离子交换树脂。先用 100 mL 的水清洗，然后把酶重量法浓缩实验中的 50 mL 溶液加入到玻璃柱中，用 100 mL 的水洗脱，流速 0.8 mL/min，收集 150 mL 洗脱液，在 50℃条件下旋转蒸发至近干，加少量水转移出，定容至 25 mL。溶液经 0.45 μmL 水相滤膜过滤，待液相色谱分析用。

2）测定

①色谱参考条件

色谱柱：凝胶保护柱（6.0 mm×40 mm，6 μm）；两个串联凝胶色谱柱（7.8 mm×300 mm，6 μm）。

流动相：超纯水，超声脱气 30 min。

流速：0.5 mL/min。

柱温：（80±1）℃。

进样量：50 μL 和 100 μL。

检测器：内部温度设为（50±1）℃。

②样品中抗性麦芽糊精的测定。取 100 μL 右旋葡萄糖和丙三醇的溶液注入液相色谱仪，在上述色谱条件下测定 3 个不同浓度的右旋葡萄糖和丙三醇的峰面积值。

通过计算右旋葡萄糖峰面积与丙三醇峰面积的比值（y 轴）与右旋葡萄糖质量/丙三醇质量的比率（x 轴）所得曲线斜率的倒数得到右旋葡萄糖"响应因子"（RF）。

取 50 μL 的 1%麦芽糊精溶液注入液相色谱仪，在上述色谱条件下测定，确定色谱图中 DP≥3 的葡萄糖聚合物的保留时间。

取 100 μL 样液注入液相色谱仪，在上述色谱条件下测定试样中 DP≥3 的葡萄糖聚合物响应值（峰面积）。利用试样中 DP≥3 的葡萄糖聚合物峰面积与丙三醇峰面积的比值和试样中加入的丙三醇的量得到抗性麦芽糊精的含量。

8. 结果计算

样品中 TDF、IDF、SDF 和 RMD 含量以质量分数（%）表示，按（3）～（7）式计算：

（1）IDF+SDF 的计算

$$IDF+SDF=\frac{\frac{m_{SR1}+m_{SR2}}{2}-m_{PS}-m_{AS}-m_{BR}}{\frac{m_{S1}+m_{S2}}{2}}\times 100 \quad (3)$$

式中　IDF+SDF——试样中不溶性膳食纤维（IDF）和高分子质量在乙醇中沉淀的可溶性膳食纤维（SDF）总含量的百分含量（以质量分数计），%；

m_{SR1} 和 m_{SR2}——双份试样 1 和 2 的坩埚中残渣的质量，mg；

m_{PS}——残渣中蛋白质的质量，mg；

m_{AS}——残渣中灰分的质量，mg；

m_{BR}——空白的坩埚中残渣的质量,mg;

m_{S1} 和 m_{S2}——双份试样 1 和 2 的质量,mg。

$$m_{BR} = \frac{m_{BR1} + m_{BR2}}{2} - m_{Pb} - m_{Ab} \tag{4}$$

式中 m_{BR1} 和 m_{BR2}——双份空白 1 和 2 的坩埚中残渣的质量,mg;

m_{Pb}——空白中蛋白质的质量,mg;

m_{Ab}——空白中灰分的质量,mg。

(2) RMD 的计算

$$RMD = \frac{\dfrac{m_{RMD1} + m_{RMD2}}{2}}{\dfrac{m_{S1} + m_{S2}}{2}} \times 100 \tag{5}$$

式中 RMD——试样中低分子质量可溶于乙醇的抗性麦芽糊精的百分含量(以质量分数计),%;

m_{RMD1} 和 m_{RMD2}——双份试样 1 和 2 中 DP≥3 的低分子质量可溶于乙醇的抗性麦芽糊精的质量,mg;

m_{S1} 和 m_{S2}——双份试样 1 和 2 的质量,mg。

$$m_{RMD} = \frac{PA_{RMD}}{PA_{glyIS}} \times m_{glyIS} \times RF \tag{6}$$

式中 PA_{RMD}——DP≥3 的低分子质量可溶于乙醇的抗性麦芽糊精的色谱峰面积;

PA_{glyIS}——丙三醇内标的色谱峰面积;

m_{glyIS}——抽滤液中加入的丙三醇内标的质量,mg;

RF——右旋葡萄糖的响应因子。

(3) TDF 的计算

$$TDF = (IDF + SDF) + RMD \tag{7}$$

式中 TDF——试样中总膳食纤维的百分含量,%。

计算结果应保留到小数点后两位。

9. 允许差

同一样品两次平行测定结果之差不得超过算术平均值的 10%。

七、乳糖的测定

1. 测定原理

样品除去蛋白质后,在加热条件下直接滴定已标定过的费林氏液,样液中的乳糖将费林氏液中的二价铜还原为氧化亚铜。以次甲基蓝为指示剂,在终点稍过量时,乳糖将蓝色的氧化型次甲基蓝还原为无色的还原型次甲基蓝。根据样液消耗的体积,计算乳糖的含量。

费林氏液由甲、乙液组成，甲液为硫酸铜溶液，乙液为氢氧化钠与酒石酸钾钠混合溶液。测定前甲、乙液分别储存，测定时等体积混合，混合时，硫酸铜和生成的氢氧化铜沉淀与酒石酸钾钠反应，生成酒石酸钾钠与铜的络合物。

$$\begin{matrix} COOK \\ | \\ CHOH \\ | \\ CHOH \\ | \\ COONa \end{matrix} + Cu(OH)_2 = \begin{matrix} COOK \\ | \\ CHO \\ | \\ CHO \\ | \\ COONa \end{matrix} Cu + 2H_2O$$

酒石酸钾钠铜络合物中的二价铜作为氧化剂，使还原糖氧化，而二价铜被还原成一价的红色氧化铜沉淀：

$$\begin{matrix} COOK \\ | \\ CHO \\ | \\ CHO \\ | \\ COONa \end{matrix} Cu + \begin{matrix} CHO \\ | \\ (CHOH)_4 \\ | \\ CH_2OH \end{matrix} + 2H_2O = 2\begin{matrix} COOK \\ | \\ CHOH \\ | \\ CHOH \\ | \\ COONa \end{matrix} + \begin{matrix} COOH \\ | \\ (CHOH)_4 \\ | \\ CH_2OH \end{matrix} + 2Cu_2O\downarrow$$

反应终点用次甲基蓝指示剂显示。次甲基蓝是氧化能力较二价铜更弱的一种弱氧化剂，故待二价铜全部被还原糖还原后，过量一滴还原糖立即使次甲基蓝还原，溶液的蓝色消失。反应终点为显示氧化亚铜的砖红色。

2. 测定方法

（1）试剂

所有试剂如均未注明规格，均指分析纯；所有实验用水，如未注明其他要求，均指三级水。

1）费林氏液

甲液：取 34.639 g 硫酸铜，溶解于水中，加入 0.5 mL 浓硫酸，加水至 500 mL。

乙液：取 173 g 酒石酸钾钠及 50 g 氢氧化钠溶解于水中，稀释至 500 mL，静置 2 天后过滤。

2）次甲基蓝溶液：10 g/L。

3）盐酸溶液：体积比 1∶1。

4) 酚酞溶液：0.5 g 酚酞溶于 75 mL 体积分数为 95％的乙醇中，并加入 20 mL 水，然后再加入约 0.1 mol/L 氢氧化钠溶液，直到加入一滴立即变成粉红色，再加入水定容至 100 mL。

5) 300 g/L 氢氧化钠溶液：取 300 g 氢氧化钠，溶解于 1 000 mL 水中。

6) 200 g/L 乙酸铅溶液：取 20 g 乙酸铅，溶解于 100 mL 水中。

7) 草酸钾—磷酸氢二钠溶液：取草酸钾 3 g，磷酸氢二钠 7 g，溶解于 100 mL 水中。

(2) 仪器

1) 250 mL 三角瓶（蒸馏水洗净烘干）。

2) 酸式滴定管（0～50 mL、0.1 mL 精确度）。

3) 250 mL、100 mL 容量瓶。

4) 5 mL、50 mL 移液管。

5) 电炉。

(3) 操作步骤

1) 用乳糖标定费林氏液。称取预先在 92～94℃烘箱中干燥 2 h 的乳糖标样约 0.75 g（准确到 0.2 mg），用水溶解并稀释至 250 mL。将此乳糖溶液注入一个 50 mL 滴定管中，待滴定。①预滴定。取 10 mL 费林氏液（甲、乙液各 5 mL）于 250 mL 三角瓶中。再加入 20 mL 蒸馏水，从滴定管中放出 15 mL 乳糖溶液于三角瓶中，置于电炉上加热，使其在 2 min 内沸腾，沸腾后关小火焰，保持沸腾状态 15 s，加入 3 滴次甲基蓝溶液，继续滴入乳糖溶液至蓝色完全褪尽为止，读取所用乳糖的体积（以 mL 计）。②精确滴定。另取费林氏液（甲、乙液各 5 mL）于 250 mL 三角烧瓶中，再加入 20 mL 蒸馏水，一次加入比预备滴定量少 0.5～1.0 mL 的乳糖溶液，置于电炉上，使其在 2 min 内沸腾，沸腾后关小火焰，维持沸腾状态 2 min，加入 3 滴次甲基蓝溶液，然后继续滴入乳糖溶液（一滴一滴徐徐滴入），待蓝色完全褪尽即为终点。以此滴定量作为计算的依据（同时测定蔗糖量，此即为转化前滴定量）。

费林氏液的乳糖校正值（f_1）：

$$A_1 = \frac{V_1 \times m_1 \times 1\,000}{250} = 4 \times V_1 \times m_1$$

$$f_1 = \frac{4 \times V_1 \times m_1}{AL_1}$$

式中　A_1——实测乳糖数，mg；

V_1——滴定时消耗乳糖液量，mL；

m_1——称取乳糖的质量，g；

AL_1——由乳糖液滴定体积（以 mL 计）查表 2—1 所得的乳糖数，mg。

表 2—1　　　　　　　　乳糖及转化糖因数（10 mL 费林氏液）

滴定量/mL	乳糖量/mg	转化糖量/mg	滴定量/mL	乳糖量/mg	转化糖量/mg
15	68.3	50.5	33	67.8	51.7
16	68.2	50.6	34	67.9	51.7
17	68.2	50.7	35	67.9	51.8
18	68.1	50.8	36	67.9	51.8
19	68.1	50.8	37	67.9	51.9
20	68.0	50.9	38	67.9	51.9
21	68.0	51.0	39	67.9	52.0
22	68.0	51.0	40	67.9	52.0
23	67.9	51.1	41	68.0	52.1
24	67.9	51.2	42	68.0	52.1
25	67.9	51.2	43	68.0	52.1
26	67.9	51.2	44	68.1	52.2
27	67.8	51.4	45	68.1	52.3
28	67.8	51.4	46	68.1	52.3
29	67.8	51.5	47	68.2	52.4
30	67.8	51.5	48	68.2	52.4
31	67.8	51.6	49	68.2	52.5
32	67.8	51.6	50	68.3	52.5

注："因数"系指与滴定量相应的数目，可自表中查得，若蔗糖含量与乳糖的比超过 3∶1 时，则在滴定量中加表 2 中的校正数后计算，见表 2—2。

表 2—2　　　　　　　　乳糖滴定量校正值数

滴定终点时所用的糖液量/mL	用 10 mL 费林氏液、蔗糖及乳糖量的比	
	3∶1	6∶1
15	0.15	0.30
20	0.25	0.50
25	0.30	0.60
30	0.35	0.70
35	0.40	0.80
40	0.45	0.90
45	0.50	0.95
50	0.55	1.05

2) 测定乳糖。①样品处理。称取 2.5~3.0 g 样品（准确至 0.01 g），用 100 mL 水分数次溶解并洗入 250 mL 容量瓶中。加 4 mL 乙酸铅溶液、4 mL 草酸钾—磷酸氢二钠溶液，每次加入试剂时都要徐徐加入，并摇动容量瓶，用水稀释至刻度。静止数分钟，用干燥滤纸过滤，弃去最初 25 mL 滤液后，所得滤液作滴定用。②滴定。a. 预滴定：将此滤液注入一个 50 mL 滴定管中，待测定。取 10 mL 费林氏液（甲、乙液各 5 mL）于 250 mL 三角烧瓶中，再加入 20 mL 蒸馏水，置于电炉上加热，使其在 2 min 内沸腾，沸腾后关小火焰，保持沸腾状态 15 s，加入 3 滴次甲基蓝。徐徐滴入乳糖溶液至蓝色完全褪尽为止，读取所用乳糖的毫升数。b. 精确滴定：另取 10 mL 费林氏液（甲、乙液各 5 mL）于 250 mL 三角瓶中，再加入 20 mL 蒸馏水，一次加入比预备滴定量少 0.5~1.0 mL 的乳糖溶液，置于电炉上，使其在 2 min 内沸腾，沸腾后关小火焰，维持沸腾状态 2 min，加入 3 滴次甲基蓝溶液，然后徐徐滴入乳糖溶液，待蓝色完全褪尽即为终点。以此滴定量作为计算的依据（在同时测定蔗糖时，此即为转化前滴定量）。

3) 计算乳糖含量

$$L = \frac{F_1 \times f_1 \times 0.25 \times 100}{V_1 \times m}$$

式中　L——样品中乳糖的质量分数，g/100 g；

　　　F_1——由消耗样液的体积（以 mL 计）查表 2—1 所得乳糖数，mg；

　　　f_1——费林氏液乳糖校正值；

　　　V_1——滴定消耗滤液量，mL；

　　　m——样品的质量，g。

八、蔗糖的测定

1. 测定原理

样品除去蛋白质后，其中蔗糖经盐酸水解转化为具有还原能力的葡萄糖和果糖，再按还原糖测定。将水解前后转化糖的差值乘以相应的系数即为蔗糖含量。

2. 测定方法

(1) 试剂

同乳糖测定用试剂。

(2) 仪器

同乳糖测定用仪器。

(3) 用蔗糖标定费林氏液

1) 称取在 105℃烘箱中干燥 2 h 的蔗糖约 0.2 g（准确到 0.2 mg），用 50 mL 水溶解并洗入 100 mL 容量瓶中，加水 10 mL，再加入 10 mL 盐酸，置 75℃水浴锅中，时时摇动，在 2 min 30 s~2 min 45 s 之间，使瓶内温度升至 67℃。达到 67℃后继续在水浴中保持 5 min，于此时间内使其温度升至 69.5℃，取出，用冷水冷却，当瓶内温度降至 35℃时，加 2 滴甲基红指示剂，用 300 g/L 的氢氧化钠溶液中和至呈中性。冷却至 20℃，用水稀释至刻度，摇匀。并在此温度下保温 30 min 后再按上述乳糖的测定②滴定中的 a、b 进行操作，得出滴定 10 mL 费林氏液所消耗的转化糖量。

2) 费林氏液的蔗糖校正值（f_2）：

$$A_2=\frac{V_2\times m_2\times 1\,000}{100\times 0.95}=10.526\,3\times V_2\times m_2$$

$$f_2=\frac{10.526\,3\times V_2\times m_2}{AL_2}$$

式中　A_2——实测转化糖数，mg；
　　　V_2——滴定时消耗蔗糖液量，mL；
　　　m_2——称取蔗糖的质量，g；
　　　AL_2——由蔗糖滴定体积（以 mL 计）查表 2—1 所得的转化糖质量，mg。

（4）测定蔗糖

1) 转化前转化糖量的计算。利用测定乳糖时的滴定量，自表 2—1 乳糖及转化糖因数表（10 mL 费林氏液）中查出相对应的转化糖量，按下式计算：

$$转化前转化糖质量分数（\%）=\frac{E_2\times f_2\times 0.25\times 100}{V_1\times m}（\%）$$

式中　F_2——由测定乳糖时消耗样液的体积（以 mL 计）查表 2—1 所得转化糖数，mg；
　　　f_2——费林氏液蔗糖校正值；
　　　V_1——滴定消耗滤液量，mL；
　　　m——样品的质量，g。

2) 样液的转化及滴定。①转化。取 50 mL 样液于 100 mL 容量瓶中，加水 10 mL，再加入 10 mL 的盐酸，置 75℃水浴锅，时时摇动，在 2 min 30 s～2 min 45 s 之间，使瓶内温度升至 67℃后继续在水浴中保持 5 min，于此时间内使其温度升至 69.5℃，取出，用冷水冷却，当瓶内温度冷却至 35℃时，加 2 滴酚酞指示剂，用氢氧化钠溶液中和至呈中性，冷却至 20℃，用水稀释至刻度，摇匀。在此温度下保温 30 min。②滴定。与乳糖的测定中的滴定相同，得出滴定 10 mL 费林氏液所消耗的转化液量。

$$转化后转化糖质量分数（\%）=\frac{F_3\times f_2\times 0.50\times 100}{V_2\times m}$$

式中　F_3——由滴定消耗的转化液量查表 2—1 得转化糖数，mg；
　　　f_2——费林氏液蔗糖校正值；
　　　m——样品的质量，g；
　　　V_2——滴定消耗的转化液量，mL。

3. 结果计算

样品中蔗糖含量（g/100 g）＝(L_1－L_2)×0.95

式中　L_1——转化后转化糖的质量分数，%；
　　　L_2——转化前转化糖的质量分数，%；
　　　0.95——还原糖换算为蔗糖的系数。

若样品中蔗糖与乳糖之比超过3∶1，则计算乳糖时应在滴定量中加上表2—2乳糖滴定量校正值数中的校正值数后再查表2—1计算。

九、总灰分的测定

1. 测定原理

样品于600℃以下灼热、灰化所得的残留物的量，即为样品灰分，以质量分数表示。

2. 测定方法

（1）仪器

1）分析天平。

2）瓷坩埚40～60 mL。用清水清洗后，再用王水浸泡1 h，洗去酸液，置电炉上灼烧0.5 h，取出，称量待用。

3）电炉。

4）高温炉：保持温度550℃左右。

5）干燥器：装有有效干燥剂。

6）坩埚夹。

（2）操作步骤

1）称取3～5 g样品（准确到0.2 mg）于已准备好并已称量的坩埚中，置于电炉上初步灼烧，使之碳化至无烟。

2）移入高温炉温度维持在550℃左右，灼烧，使之成白灰（约2 h）后，冷却至100～200℃后取出，放入干燥器中冷却至室温（约30 min），称量。

3）重复上一步操作，直至前后两次质量差不超过2 mg。

3. 结果计算

$$灰分质量分数 = \frac{m_3 - m_1}{m_2} \times 100 \ (\%)$$

式中　m_1——空坩埚的质量，g；
　　　m_2——样品的质量，g；
　　　m_3——坩埚加样品灰化后的质量，g。

结果精确至0.01%。同一样品两次测定值之差不得超过两次测定平均值的0.05%。

第四节 异常乳与掺假乳

→ 了解异常乳的分类
→ 熟练掌握常见的掺假乳的检验方法并能够操作

一、异常乳及其分类

异常乳是指乳牛在泌乳的过程中,由于本身的生理、病理等原因,以及其他诸多因素造成牛乳性质发生变化的乳被称为异常乳。异常乳通常可分为生理异常乳、病理异常乳、细菌污染乳、化学异常乳、含抗生素乳。

1. 生理异常乳

常见的生理异常乳有初乳、末乳两种。

（1）初乳

初乳是乳牛产犊后一周以内分泌的乳汁。初乳具有一定特征（见表2—3）。

表2—3　　　　　　　　　　　初乳的特征

项目	一般特征
色泽	呈显著黄色
风味	有异臭、苦味
黏度	大于常乳
蛋白质	乳清蛋白质高于常乳
脂肪	高于常乳

从表2—3可以看出：初乳不具备加工产品的条件，很多牛初乳除了被牛犊食用外，基本上都被废弃了。但近十年来，我国乳业科技工作者通过不断努力，目前牛初乳产业已经有了很大的发展，牛初乳粉、牛初乳胶囊等产品早已经进入了药品超市、保健品市场。

（2）末乳

末乳是母牛1个分泌期结束前1周所分泌的乳，一般指产犊后8个月泌乳量显著减少，一天的泌乳量在0.5 kg以下，一直到干乳期。末乳具有一定特征（见表2—4）。

表 2—4　　　　　　　　　　末乳的一般特征

项目	一般特征
泌乳量及化学成分	较常乳少,化学成分显著异常
含菌数	增加
酸度	降低
过氧化氢酶含量	较常乳增加
风味	稍苦并微有咸味
乳糖	含量低于常乳
灰分	高于常乳,特别是钠和氯的含量高
维生素	A、D、E含量高于常乳,水溶性维生素较常乳高
尼克酸	较常乳含量高
铁	含量比常乳高3~5倍
铜	含量比常乳高6倍
抗体	较常乳含量高

从上表可以看出：末乳无论是感官还是卫生指标都比常乳差,尤其是末乳不良的口感更不适合来加工各种乳制品,对此要引起检验人员的注意。

2. 病理异常乳

由病菌污染而生成的乳称为病理异常乳,主要有乳房炎乳和其他病牛乳。

（1）乳房炎乳

乳房炎乳大多是由无乳链球菌引起的,为慢性乳房炎,需以牛乳的细菌学检验和化学检验来确认。乳牛患上乳房炎后其产奶量下降约10%～20%,如不进行治疗或没有及时发现,则最终成为乳房炎乳牛,其所产乳就是异常乳。乳房炎乳具有以下几个明显的特点：

1）乳房炎乳中的酪蛋白较常乳明显减少,营养价值大大降低。

2）牛乳中细菌数、白细胞和上皮细胞增多。

3）乳房炎乳中含有葡萄球菌、大肠杆菌等细菌,对人体健康有害。

（2）其他病牛乳

乳牛如果患上口蹄疫、布鲁氏杆菌病等疾病,所产的牛乳就属于此类。奶牛场应加强疾病预防与监控工作,发现病牛要及时诊治。

3. 细菌污染乳

被细菌污染的牛乳叫细菌污染乳。细菌污染乳产生的原因、性状及危害情况见表2—5。

表 2—5　　　　　细菌污染乳产生的原因、性状及危害情况

种类	原因菌	牛乳的性状	危害
酸败乳	乳酸菌、大肠菌、丙酸菌、小球菌等	酸度高。酒精可凝固，加热凝固。发酵产气，有酸臭味，酸凝固	加热凝固，风味差。加工干酪时产生酸败和膨胀
乳房炎乳	溶血性链球菌、葡萄球菌、小球菌、芽孢菌、放线菌、大肠菌等	酒精凝固，热凝固，混有血液及凝固物，风味异常	传播疾病，造成食物中毒
其他致病菌、病毒污染乳	布氏杆菌、沙门氏菌、炭疽菌、结核菌、口蹄疫等	混有致病菌	传播疾病，造成食物中毒
异常凝固乳	蛋白质、脂肪分解菌、低温菌、芽孢杆菌	凝固，出现碱化、陈化，带有脂肪氧化味和苦味	牛乳变质
黏质乳	嗜冷芽孢杆菌、嗜冷细菌	蛋白质分解，形成黏液	乳品的变质、稀奶油干酪黏质化
着色乳	嗜冷细菌、球菌类、红色酵母	色泽变黄、红、青	牛乳及乳品着色变质
细菌性风味异常乳	蛋白、脂肪分解菌、产酸菌、大肠菌	异臭、异味	乳与乳品风味异常、变质

4. 化学异常乳

化学异常乳的种类较多，主要有酒精阳性乳、低成分乳、异物混杂乳和风味异常乳等。就目前接触的牛乳来说，酒精阳性乳占的比例较大，也是加工中经常碰到的异常乳。只有很好地了解化学异常乳的发病原因、机理、应对措施等，才能更好地解决实际存在的问题，为企业生产高质量的乳品创造良好的条件，为奶牛的饲养管理提供参考数据。

(1) 酒精阳性乳

酒精阳性乳指从乳房内挤出的乳与等量的 70% 酒精混合发生凝集反应的牛乳。乳品厂化验室一般采取 72% 酒精试验，以判断牛乳的稳定性。有时也采用 75% 酒精试验，主要目的是为生产超高温灭菌乳提供用乳依据。酒精阳性乳蛋白质、乳糖、无机磷酸等的数量比常乳低，但乳清蛋白、钠、氯、胶体磷酸钙等较常乳高。加工乳制品时，酒精阳性乳会带来很大的质量风险。

牛乳的酸度低于 16°T，但酒精试验呈阳性的被称为低酸度酒精阳性乳。产生原因主要与饲养管理、环境、乳牛生理机能等有关系。根据分析结果，产生酒精阳性乳的主要原因是管理问题，比如饲养水平不高，饲料过于单一，饲喂了过量的食盐等。对乳牛场而言，应加强以上环节的管理，避免出现大量的酒精阳性乳，造成较大的经济损失。

(2) 低成分乳

低成分乳是由于乳牛品种、饲养管理、营养素配比、高温多湿及病理等因素的影响而产生的乳脂肪、蛋白质及乳固体含量过低的牛乳。这要从加强育种改良及饲养管理等方面来加以改善。

(3) 异物混杂乳

异物混杂乳中含有随摄取饲料而经机体转移到乳中的污染物质或有意识地掺杂到原料乳中的物质。对于经机体转移到乳中的污染物，应注意其潜在的影响，需要依靠卫生管理与"三废"控制进行综合防治。对于异物混杂问题，只要加强乳品卫生管理工作，就比较容易解决。

(4) 风味异常乳

影响牛乳风味的因素很多。异常风味主要有通过机体转移或从空气中吸收而来的饲料臭，由酶作用而产生的脂肪分解臭，挤乳后从外界污染或吸收的气味或金属臭等。解决牛乳风味异常问题，需保持牛舍与牛体的卫生清洁，保持空气新鲜畅通，注意防止微生物等的污染。

5. 含抗生素乳

乳牛在患上乳房炎后，通常采用抗生素药物治疗。这时患病牛分泌的牛乳就含有抗生素，一周之内牛乳中都会有抗生素残留。

此外，乳牛注射疫苗、激素类药物等，都是产生异常乳的原因。

二、牛乳掺假

1. 牛乳掺假的动机分析

牛乳掺假的动机可以从以下几点分析：

(1) 中和有些已经酸败的牛乳，从而将即将废弃的牛乳变为合格乳。

(2) 掺水增加重量，从而增加收入。

(3) 为了增加比重、脂肪、蛋白质，减少掺水率而掺某些物质，以达到收购方规定的质量标准。

2. 牛乳中掺假物的特点

(1) 掺假物具有和牛乳相似的外观特征，如白色或微黄色。

(2) 掺假物价格比较便宜，可以使掺假厂商获得更多的利润。

(3) 掺假物能起到提高牛乳某些指标的作用，如增加脂肪、蛋白质、固形物含量等。

3. 牛乳掺假的现状分析与对策

目前，从总体上来看，奶源基地发展迅速，大中型奶站都采用了集中挤奶的方式，由于采用的是管道式挤奶器，故掺假现象比较少，但大部分地方仍然采取的是手工挤奶的方式。个别有十几头奶牛的农户使用提桶式挤奶设施，将奶集中交给奶站或养殖小区。某些掺假行为在奶农家中已经完成了，因此这种散收奶农的掺假现象较难控制。

根据实践检验来看,目前常见的掺假主要是掺假脂肪和假蛋白质。另外奶户为了增加重量向牛乳中掺水,但有时为躲避掺水带来的罚款,就又采取向牛乳中掺入无机盐的方法增重。

就目前掌握的检测技术来看,某些用于掺假的物质类型并不清楚,实验手段尚不够完善,检测方法过于烦琐,不能准确判断出掺假的具体物质。目前可采取的措施如下:

(1) 加强奶源管理,尤其是散收奶农奶源质量的管理。
(2) 建立奶农与加工企业利益联结体模式,使双方提高对牛乳的质量要求。
(3) 提升乳品厂检测技术装备水平,扩大检测范围,缩短检测时间。
(4) 将掺假纳入质量考核,加大对掺假行为的经济处罚力度。

三、牛乳掺假的检验分析

1. 牛乳掺石灰水的检验

【原理】牛乳中含 Ca^{2+} 小于 1‰,如向牛乳中加入 SO_4^{2-} 后,再加玫瑰红酸钠及氯化钡,则生成白土样外观,如掺石灰水,则生成硫酸钙沉淀,呈红色。

【试剂及其配制】
① 1‰硫酸钠溶液。称取 1 g 硫酸钠溶于 100 mL 蒸馏水中。
② 1‰玫瑰红酸钠溶液。称取 1 g 玫瑰红酸钠溶于 100 mL 蒸馏水中。
③ 1‰氯化钡溶液。1 g 氯化钡溶于 100 mL 蒸馏水中。

【检验方法】取牛乳 5 mL 于试管中,加入 1‰硫酸钠溶液、1‰玫瑰红酸钠溶液和 1‰氯化钡溶液各 1 滴,摇匀,观察乳液的颜色。

【结果判定】
正常牛乳:乳液呈白土色。
掺石灰水牛乳:乳液呈红色。

2. 牛乳掺洗衣粉的检验

【原理】洗衣粉中的十二烷基苯磺酸钠和次甲基蓝反应生成蓝色化合物,易溶于三氯甲烷(氯仿)中,当用三氯甲烷萃取时,因蓝色化合物进入三氯甲烷层而使之显蓝色。

【试剂及其配制】
(1) 三氯甲烷。
(2) 0.1‰的次甲基蓝溶液。称取次甲基蓝 0.25 g,加蒸馏水 100 mL,溶解后,加入浓硫酸 1.7 mL,再加蒸馏水至 250 mL,储存在棕色试剂瓶中备用,本试剂稳定可长期使用。

【检验方法】取牛乳样 1 mL 于试管中,加入 0.1‰次甲基蓝溶液 10 滴,混匀,再加氯仿 3~5 mL,振荡数秒钟静止,观察氯仿的颜色变化。

【结果判定】正常牛乳的乳层（上层）呈深蓝色，而氯仿层（下层）无色，具体结果如下（见表2—6）。

表2—6　　　　　　　　牛乳中掺洗衣粉的定量判断表

氯仿层	乳层	掺洗衣粉含量%	结果判定	符号
无色或呈浅灰色	蓝色	0	正常乳	—
淡蓝色	浅蓝色	>10 mg	掺洗衣粉乳	+
天蓝色	浅色	>20 mg	掺洗衣粉乳	++
蓝色	几乎无色	>30 mg	掺洗衣粉乳	+++
深蓝色	完全无色	>50 mg	掺洗衣粉乳	++++

最低检验限量：本法最低检出限量为>10 mg%，因为各种洗衣粉成分不完全相同，故本法检出限量也不同。

3. 牛乳掺氨水及铵盐的检验

（1）BTB试纸法

【原理】NH_3使溴麝香草酚蓝（BTB）试纸变蓝色。

【试剂、试纸及其配制】

1）28%氢氧化钠溶液。28 g氢氧化钠溶解在100 mL蒸馏水中。

2）溴麝香草酚蓝。

3）70%乙醇。

4）BTB试纸。精确称取0.04 g溴麝香草酚蓝指示剂（BTB），溶解在100 mL70%乙醇溶液中，将定性滤纸裁成5 cm×5 cm大小，并浸入溴麝香草酚蓝乙醇溶液中，待浸透后取出晾干，将试纸裁成5 cm×5 cm大小，密闭保存，长期有效。

【检验方法】向一小试管中注入被检牛乳1 mL，加入浓度为28%的NaOH 5～10滴，振荡，并在试管口放一小块BTB试纸，在0.5 min之内观察试纸颜色变化。

【结果判定】

正常牛乳：试纸不变色。

掺氨水牛乳：试纸由浅黄色变为蓝色。

（2）纳氏法

【试剂、试纸及其配制】

1）氯化汞。

2）碘化钾。

3）氢氧化钾。

4）纳氏试剂。氯化汞5 g，碘化钾12.5 g及氢氧化钾15 g溶解在100 mL蒸馏水中，放置 2~3 天待试剂澄清后用上部清液。

【检验方法】在小试管中注入被检牛乳 2 mL，将试管倾斜 45°角，沿管壁慢慢加入纳氏试剂 5~10 滴，形成接触面，放置约 1~1.5 min，观察接触面的颜色变化。

【结果判定】

正常牛乳：接触面无色。

掺氨水牛乳：接触面呈棕黄色。

4. 牛乳中掺硫酸盐的检验

【检测方法】玫瑰红酸钠法。

【检测原理】玫瑰红酸钠和氯化钡在水溶液中反应生成了红色的玫瑰红酸钡，玫瑰红酸钡与硫酸根反应生成白色的硫酸钡和黄色的玫瑰红酸根。

【试剂及其配制】

1）氯化钡水溶液（即第一浸液）。在天平上精确称取 0.39 g $BaCl_2$，置于烧杯中，加蒸馏水 100 mL 溶解。

2）玫瑰红酸钠（NaC_6O_6）水溶液（即第二浸液）。在天平上精确称取 0.025 g 玫瑰红酸钠置于烧杯中，加蒸馏水 100 mL 溶解。

【试纸制备】将定性滤纸剪成 5 cm×5 cm 大小，浸入第一浸液，待滤纸全部被浸染后，取出晾干。晾干后的第一浸液快速浸入第二浸液，并立即取出晾干，这时试纸呈浅红色，剪成 0.5 cm×5 cm 试纸于试剂瓶中保存。

【检验方法】取被检牛乳约 2 mL 于试管中，将测硫酸盐的试纸条浸入其中，湿透后立即取出在 2 min 之内观察试纸的颜色变化。

【注意事项】

1）第二浸液要随用随配。

2）试纸上玫瑰红酸钠不等量时会出现红色斑点，故试纸浸第二浸液时应均匀。

【结果判定】

正常牛乳：试纸不变色（浅红色）。

掺硫酸盐牛乳：试纸的颜色变化是：浅红色→黄色→白色，见表 2—7。

表 2—7　　　　　　　　牛乳中掺硫酸盐检测结果的判定

SO_4^{2-} 含量/(g/100 mL)	观察时间	试纸颜色变化	结果判定
0.225	5 s	红—黄—白	+++
0.110	10 s	红—黄—白	+++
0.080	30 s	红—黄—白	++
0.070	45 s	红—黄—白	++
0.060	1.5~2 min	红—黄—白	+

续表

SO_4^{2-} 含量/(g/100 mL)	观察时间	试纸颜色变化	结果判定
0.050	2 min	红	+-
0	2 min	红	-

最低检出限量：本法最低检出限量，以 SO_4^{2-} 计为 0.05 g/100 mL。

检出物质：本法可检出牛乳中掺芒硝、硫酸铵、石膏、明矾等一些可溶性硫酸盐。

5. 牛乳掺卤水的检验

牛乳掺卤水的目的是增加牛乳的比重。

【检测原理】卤水的主要成分是氯化镁，加入镁试剂后颜色发生变化，借此判断出是否掺假。

【试剂及其配制】

1) 氢氧化钠溶液（6 mol/L）。

2) 镁试剂。对硝基偶间苯三酚（镁试剂）0.01 g 溶于浓度为 1 mol/L 的氢氧化钠溶液中。

【检验方法】取待测乳样 1 mL，加氢氧化钠溶液 3 滴，用水浴加热 10 min（温度为 80℃），再加镁试剂 3 滴，看颜色变化。

【结果判断】

正常牛乳：显紫红色。

掺卤水牛乳：显天蓝色。

6. 牛乳掺氯化钾的检验

牛乳掺氯化钾的目的也是为了增加牛乳的比重，为掺水提供条件。

【检测原理】乳中的钾离子与四苯硼钠作用生成不溶于水的四苯硼钾，产生的浊度在一定范围内与钾离子的浓度成正比，故根据浊度可测得乳清中的钾的含量。

【试剂及其配制】

1) 0.2 mol/L 磷酸氢二钠溶液。准确称取磷酸氢二钠 7.16 g，用重蒸馏水溶解稀释到 100 mL。

2) 0.1 mol/L 柠檬酸溶液。准确称取柠檬酸（$C_6H_8O_7 \cdot H_2O$）2.1 g，用重蒸馏水定容到 100 mL。

3) 1.32% 四苯硼钠缓冲液（pH 值 8.05）、0.2 M 磷酸氢二钠溶液 19.45 mL、0.1 M 柠檬酸溶液 0.55 mL、四苯硼钠 1.32 g，按顺序依次加入并溶解，再用 100 mL 蒸馏水过滤并存放于棕色试剂瓶中置冰箱内备用。

4) 钾溶液。准确称取氯化钾 3.728 g 或硫酸钾 4.356 g，用重蒸馏水溶解后移入 1 000 mL 容量瓶中，定容至 1 000 mL 备用。

【检验方法】取牛乳 5 mL 于试管中，加 5 滴浓醋酸充分混匀，放 3 000 r/min 的离心机中离心 2 min，停止后将上清液取出后按表 2—8 进行操作。

表 2—8　　　　　　　　　　乳清中钾离子测定的比浊法

步骤	空白管	标准管	测定管
重蒸馏水	1.0	—	—
钾应用标准	—	1.0	—
乳清透明液	—	—	1.0
1.32%四苯硼钠缓冲液	2.0	2.0	2.0

最后，以 520 nm 滤光板进行光电比色，以空白管校正光密度到 0，读取各管光密度读数。

7. 牛乳掺葡萄糖的检验

【检验原理】葡萄糖具有还原性，在加热的强碱液中能使铜离子还原为亚铜离子。班氏定性试剂是一种在碱性中含有铜离子柠檬酸钠的复合剂，葡萄糖能使试剂中的铜离子还原为亚铜离子，形成黄色的氢氧化亚铜或红色的氧化亚铜。

【试剂及其配制】

班氏定性试剂：称取柠檬酸钠 173 g，无水碳酸钠 100 g 或结晶碳酸钠 200 g，放入 2 000 mL 三角瓶内，加蒸馏水约 700 mL 加热，并用玻璃棒不断搅拌使其溶解。溶解后冷却至室温。另在 200 mL 三角瓶中，称入硫酸铜结晶 17.3 g，加蒸馏水约 100 mL，加热溶解，将硫酸铜溶液慢慢倒入前液，倒时不断搅匀，再用蒸馏水稀释至 1 000 mL，如试剂浑浊，可用脱脂棉过滤。

【检验方法】将制取好的班氏液 5 mL 置于大试管中煮沸，加被检乳 0.5 mL，轻摇混合，继续在火焰上直接煮沸 1~2 min，冷却后观察颜色变化。

【判定标准】

正常牛乳：牛乳呈浅黄色。

掺葡萄糖牛乳：如果试管底部有少量绿色沉淀物出现，说明乳中含有葡萄糖。含量在 0.5% 左右。如出现多量红棕色沉淀物，表明乳中含有 20% 的葡萄糖。

8. 牛乳掺尿素的检验

牛乳中掺一定量的固体尿素或尿素水溶液，可以提高牛乳的密度和增加乳的重量。

【检验原理】由双乙酰与尿素在酸性条件下，生成二嗪衍生物的显色反应来定性。由于双乙酰本身不稳定，故用二乙酰一肟（D、A、M）在酸性条件下生成双乙酰，再与尿素反应生成红色的二嗪衍生物。

【试剂及其配制】

1) DAM—TSC 试剂。准确称取二乙酰一肟（D、A、M）600 mg，加氨基硫脲

(T、S、C) 30 mg，以蒸馏水定容至 100 mL，在冰箱中可保存半年。

2) 酸混合试剂。向 100 mL 水中加浓 H_2SO_4 44 mL，85％的浓 H_3PO_4 66 mL，冷却后加氨基硫脲 0.05 g 及硫酸镉（$3CdSO_4 \cdot 8H_2O$）2 g，溶解后加水至 1 000 mL，在冰箱中可保存 6 个月。

3) 显色剂。取上述 DAM—TSC 试剂与酸混合试剂各半配成溶液，溶液在 1 h 内为稳定状态。

【检验方法】取鲜乳 1 mL 于试管中，加显色剂 1 mL，充分混合，在沸水中加热煮沸 1 min，放在冷水中立即观察结果（见表 2—9）。

表 2—9　　　　　　　　牛乳中掺尿素的检验结果

尿素含量/(mg/mL)	显色反应	结果符号
2	深红色	＋＋＋
1	红色	＋＋
0.5	粉红色	＋
0.25	淡粉红色	±
0	微黄色	－

【结果判定】

正常牛乳：无色或微黄色。

掺尿素牛乳：呈深红色，掺入量越大显色越快，红色越深。

注意事项：1 min 以后再显色时，则不应判定为阳性。

最低检出量：本法最低检出量为 0.05 g/100 mL。

9. 牛乳掺明胶及动物胶的检验

【检验原理】用硝酸汞沉淀除去乳酪蛋白，但明胶蛋白不被除去，与饱和苦味酸产生沉淀反应。

（1）掺动物胶牛乳的检验

【试剂及其配制】

1) 除蛋白试剂。硝酸汞 14 g，加入大约 100 mL 蒸馏水，加浓硝酸约 2.5 mL，助热助溶，待试剂全部溶解后加蒸馏水至 500 mL，置棕色瓶中，可长期使用。

2) 饱和苦味酸。称取苦味酸 2 g，加蒸馏水至 100 mL，煮沸、冷却后待溶液中有结晶析出至室温时，倒出上清液，备用。

【检验方法】取牛乳 5 mL，加除蛋白试剂 5 mL，混合均匀，过滤，取滤液约 1 mL，沿管壁慢慢加入苦味酸溶液约 0.5 mL，形成环状接触面。

【结果判定】

正常牛乳：滤液清亮，加苦味酸试剂后，接触面无变化。

掺动物胶牛乳：滤液呈半透明，略带乳青色，加苦味酸试剂后，接触面呈白色环状。掺胶量越大，滤液越不透明，白色沉淀越明显。

最低检出限量：本法最低检出限量为 0.1%。

(2) 掺明胶牛乳的检验

【试剂及其配制】

1) 硝酸汞溶液。硝酸汞 14 g，加入 100 mL 蒸馏水，加浓硝酸约 2.5 mL，加热助溶，待试剂全部溶解后加蒸馏水至 500 mL。

2) 饱和苦味酸溶液。称取苦味酸 3 g，加蒸馏水 200 mL。

【检验方法】取待检牛乳 10 mL，加 10 mL 硝酸汞溶液，静置 5 min，过滤，于滤液中加等体积饱和苦味酸溶液，观察是否有黄色沉淀。

【结果判定】

正常牛乳：与苦味酸混合后，呈黄色透明，为阴性。

掺明胶牛乳：有黄色沉淀生成，为阳性乳。

10. 牛乳掺过氧化氢的检验

牛乳中加过氧化氢经过一段时间后分解成水和氧，因此，掺加量不多或放置时间长时检测不出，故牛乳中加过氧化氢只有在加入后短时间内才可检出。

(1) 钒酸试剂呈色反应

【检验原理】过氧化氢与钒酸试剂发生反应生成红色物质。本法可检出牛乳中 0.01% 的过氧化氢。

【试剂及其配制】将 1% 钒酸溶解于 100 mL 浓度为 20% 硫酸溶液内即可。

【检验方法】取 2 mL 检样乳置于试管中，滴加 5 滴钒酸试剂混合均匀，观察颜色变化。

【结果判定】

正常牛乳：不变色。

掺过氧化氢牛乳：变成红色。

(2) 碘化钾淀粉试剂法

【检验原理】过氧化氢在硫酸作用下，能使碘化钾氧化析出碘，碘与淀粉作用产生蓝色反应。

【试剂及其配制】

1) 1∶1 稀硫酸。

2) 碘化钾淀粉溶液。取淀粉 3 g，用温水 5~10 mL 混合均匀呈乳状液，不断搅拌并徐徐加入沸水 100 mL，待冷却后再加入 5 mL 碘化钾液（即化学纯碘化钾 3 g 溶于 5 mL 蒸馏水）。本试剂不能长期保存，应使用前临时配制。

【检验方法】取检样乳 2 mL 注入试管中，滴加 5 滴碘化钾淀粉溶液混合均匀，再加入稀硫酸 3 滴,摇合均匀观察颜色变化。

【结果判定】

正常牛乳:10 min 后尚无蓝色出现。

掺过氧化氢牛乳:呈浅蓝色或蓝色。

11. 牛乳掺水的检验

牛乳掺水后各项指标都会发生一些变化,如比重降低,脂肪、全乳固体含量降低等。牛乳掺水检验的方法有多种,如密度测定法、折射计法、非脂乳固体测定法、冰点测定法等。目前一些较大规模的乳品企业较常使用的是冰点测定法,即通过冰点仪快速、准确地测量出牛乳的掺水率。

正常牛乳的冰点十分稳定,一般为 $-0.53 \sim -0.55$℃,平均值为 -0.542℃,牛乳中的乳糖以及盐类的含量也是比较稳定的,如果它们的含量发生了变化,则说明牛乳掺水了。通常认为牛乳中掺 10% 左右的水,其冰点会上升 0.054℃,具体上升的情况如下(见表 2—10)。

表 2—10　　　　牛乳中掺不同比例水冰点变化情况表

掺水比例/(%)	0	10	20	30	40	50	60	70	80	90
冰点/(℃)	-0.540	-0.486	-0.432	-0.378	-0.324	-0.27	-0.216	-0.162	-0.108	-0.054

此外牛乳中掺水的数量或比例还可以按下列公式计算:

$$W = \frac{(C-D) \times (100-S)}{C}$$

式中　W——生牛乳中的掺水百分数,%;

　　　C——正常牛乳的确切或参考冰点;

　　　D——可疑掺水生牛乳测得的冰点;

　　　S——可疑生牛乳总固形物的百分数,%。

12. 牛乳掺硝酸盐、亚硝酸盐的检验

(1) 掺硝酸盐的检验

【检验原理】在柠檬酸溶液中,对氨基苯磺酸及盐酸萘乙二胺作用生成红色偶氮化合物。

【试剂及其配制】硫酸钡 100 g,柠檬酸 75 g,硫酸锰 10 g,对氨基苯磺酸 4 g,盐酸萘乙二胺 2 g,研细后将少量锌粉与硫酸钡混合再与其他试剂全部混合为固体试剂,保存在棕色瓶中备用。

【检验方法】取待测牛乳 5 mL 注入试管中,加上述固体试剂 0.3 g,振荡试管将试剂与牛乳混匀。

【结果判定】

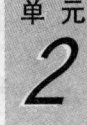

正常牛乳：不变色。

掺硝酸盐牛乳：如有 NO_3^-、NO_2^- 存在，1 min 后显红色。

(2) 掺亚硝酸盐的检验

方法 1

【检验原理】亚硝酸盐在酸性条件下与对氨基苯磺酸重氮化后再与 α—萘胺偶合成红紫色，颜色深浅与亚硝酸盐多少有关。

【试剂及其配制】

1) 对氨基苯磺酸 10 g。

2) α—萘胺 1 g。

3) 酒石酸 89 g。

上述 3 种试剂分别称好后，在研钵中研碎，在棕色瓶中保存备用。

【检验方法】取待测牛乳 2 mL 注入试管中，加混合固体试剂 0.2 g 混匀。

【结果判定】

正常牛乳：不变色。

掺亚硝酸盐牛乳：呈红色。

方法 2

【检验原理】亚硝酸盐在酸性条件下与对氨基苯磺酸重氮化后再与 α—萘胺偶合成紫红色，颜色深浅与亚硝酸盐多少呈正相关。

【显色剂配制】准确称取 0.1 g α—萘酚、0.2 g α—萘胺、0.6 g 无水对氨基苯磺酸，先加入 200 mL 蒸馏水溶解，溶解后再加入 200 mL 冰乙酸，充分混匀。

【检验方法】将 2 mL 乳样注入试管中，再加 1 mL 显色剂混合均匀。过 2～3 min 观察。

【结果判定】

正常牛乳：不变色。

掺亚硝酸盐牛乳：牛乳颜色微粉，亚硝酸盐含量为微量。

　　　　　　　　牛乳颜色微红，亚硝酸盐含量为中量。

　　　　　　　　牛乳颜色为红，亚硝酸盐含量为大量。

13. 牛乳掺豆浆的检验

【检验原理】由于大豆含有水苏糖，而水苏糖遇碘试剂反应呈污绿色，依此判断牛乳是否掺豆浆。

【试剂及其配制】

1) 碘（I）。

2) 碘化钾（KI）。

3) 95％乙醇。

【检验方法】取乳样 2 mL 于小试管中，再加入碘试剂 3～5 滴，摇匀，观察颜色变化。同时做空白对照，如同时测定淀粉，取乳样 2 mL 注入试管中，加热煮沸，再加入碘试剂 1～2 滴，观察颜色反应，同时做空白对照。

【结果判断】

正常牛乳：不变色。

掺豆浆牛乳：呈污绿色，显色快，颜色消失迅速（约 24 min）。

14. 牛乳掺植脂末、油脂粉的检测

【检验原理】植脂末和油脂粉是由棕榈油和糊精或饴糖生产而成，而糊精和饴糖中含有葡萄糖成分，利用葡萄糖遇尿糖试纸显色的原理来检测。

【试剂】医用尿糖试纸。

【检验方法】取一平板，将 10 mL 牛乳样注入平板中，倾斜看平板上是否有漂浮物。由于棕榈油的熔点是 24℃，一般原料乳的收购温度都能控制在 10℃以下，植脂末和油脂粉遇冷会有少量棕榈油络合物浮在乳样上，再将尿糖试纸浸入其中，2～3 s 后观察结果。

【结果判断】

正常牛乳：尿糖试纸不变色。

掺植脂末、油脂粉的牛乳：尿糖试纸颜色随添加量增而变化（淡蓝→浅黄绿→黄绿色→黄色）

第一法 高效液相色谱法（HPLC）

【检测原理】试样用三氯乙酸溶液-乙腈提取，经阳离子交换固相萃取柱净化后，用高效液相色谱测定，外标法定量。

【试剂与材料】除非另有说明，所有试剂均为分析纯，水为 GB/T 6682 规定的一级水。

(1) 甲醇：色谱纯。

(2) 乙腈：色谱纯。

(3) 氨水：含量为 25%～28%。

(4) 三氯乙酸。

(5) 柠檬酸。

(6) 辛烷磺酸钠：色谱纯。

(7) 甲醇水溶液：准确量取 50 mL 甲醇和 50 mL 水，混匀后备用。

(8) 三氯乙酸溶液（1%）：准确称取 10 g 三氯乙酸于 1 L 容量瓶中，用水溶解并定容至刻度，混匀后备用。

(9) 氨化甲醇溶液（5%）：准确量取 5 mL 氨水和 95 mL 甲醇，混匀后备用。

(10) 离子对试剂缓冲液：准确称取 2.10 g 柠檬酸和 2.16 g 辛烷磺酸钠，加入约

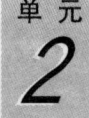

980 mL 水溶解，调节至 pH3.0 后，定容至 1 L 备用。

（11）三聚氰胺标准品：CAS 108—78—01，纯度大于 99.0%。

（12）三聚氰胺标准储备液：准确称取 100 mg（精确到 0.1 mg）三聚氰胺标准品于 100 mL 容量瓶中，用甲醇水溶液溶解并定容至刻度，配制成浓度为 1 mg/mL 的标准储备液，于 4℃避光保存。

（13）阳离子交换固相萃取柱：混合型阳离子交换固相萃取柱，基质为苯磺酸化的聚苯乙烯—二乙烯基苯高聚物，60 mg，3 mL，或相当者。使用前依次用 3 mL 甲醇和 5 mL 水活化。

（14）定性滤纸。

（15）海砂：化学纯，粒度 0.65～0.85 mm，二氧化硅（SiO_2）含量为 99%。

（16）微孔滤膜：0.2 μm，有机相。

（17）氮气：纯度大于等于 99.999%。

【仪器和设备】

（1）高效液相色谱（HPLC）仪：配有紫外线检测器或二极管阵列检测器。

（2）分析天平：感量为 0.000 1 g 和 0.01 g。

（3）离心机：转速不低于 4 000 r/min。

（4）超声波水浴。

（5）固相萃取装置。

（6）氮气吹干仪。

（7）涡旋混合器。

（8）具塞塑料离心管：50 mL。

（9）研钵。

【样品处理】

（1）提取

1）液态奶、乳粉、酸奶、冰淇淋和奶糖等

称取 2 g（精确至 0.01 g）试样于 50 mL 具塞塑料离心管中，加入 15 mL 三氯乙酸溶液和 5 mL 乙腈，超声提取 10 min，再振荡提取 10 min 后，以不低于 4 000 r/min 离心 10 min。上清液经三氯乙酸溶液润湿的滤纸过滤后，用三氯乙酸溶液定容至 25 mL，移取 5 mL 滤液，加入 5 mL 水混匀后作待净化液。

2）奶酪、奶油和巧克力等

称取 2 g（精确至 0.01 g）试样于研钵中，加入适量海砂（试样质量的 4～6 倍）研磨成干粉状，转移至 50 mL 具塞塑料离心管中，用 15 mL 三氯乙酸溶液分数次清洗研钵，清洗液转入离心管中，再往离心管中加入 5 mL 乙腈，余下操作同 1）中"超声提取 10 min，……加入 5 mL 水混匀后作待净化液"。若样品中脂肪含量较高，可以用三氯乙酸溶液饱和的正己烷液分配除脂后再用SPE柱净化。

（2）净化

将提取的待净化液转移至固相萃取柱中。依次用3 mL水和3 mL甲醇洗涤，抽至近干后，用6 mL氨化甲醇溶液洗脱。整个固相萃取过程流速不超过1 mL/min。洗脱液于50℃下用氮气吹干，残留物（相当于0.4 g样品）用1 mL流动相定容，涡旋混合1 min，过微孔滤膜后，供HPLC测定。

【高效液相色谱测定】

（1）HPLC参考条件

1）色谱柱：C8柱，250 mm×4.6 mm (i.d.)，5 μm，或相当者。C18柱，250 mm×4.6 mm (i.d.)，5 μm，或相当者。

2）流动相：C8柱，离子对试剂缓冲液（3.2.10）－乙腈（85+15，体积比），混匀。C18柱，离子对试剂缓冲液（3.2.10）－乙腈（90+10，体积比），混匀。

3）流速：1.0 mL/min。

4）柱温：40℃。

5）波长：240 nm。

6）进样量：20 μL。

（2）标准曲线的绘制

用流动的80 μg/mL标准工作液，浓度由低到高进样检测，以峰面积—浓度作图，得到标准曲线回归方程。

（3）定量测定

待测样液中三聚氰胺的响应值应在标准曲线线性范围内，超过线性范围则应稀释后再进样分析。

（4）结果计算

试样中三聚氰胺的含量由色谱数据处理软件或按式（1）计算获得：

$$X=\frac{A\times c\times V\times 1\,000}{As\times m\times 1\,000}\times f \tag{1}$$

式中　X——试样中三聚氰胺的含量，mg/kg；

　　　A——样液中三聚氰胺的峰面积；

　　　c——标准溶液中三聚氰胺的浓度，μg/mL；

　　　V——样液最终定容体积，mL；

　　　As——标准溶液中三聚氰胺的峰面积；

　　　m——试样的质量，g；

　　　f——稀释倍数。

【空白试验】除不称取样品外，均按上述测定条件和步骤进行。

【方法定量限】本方法的定量限为 2 mg/kg。

【回收率】在添加浓度 2~10 mg/kg 浓度范围内，回收率在 80%~110% 之间，相对标准偏差小于 10%。

【允许差】在重复性条件下获得的 2 次独立测定结果的绝对差值不得超过算术平均值的 10%。

第二法 液相色谱－质谱/质谱法（LC－MS/MS）

【原理】试样用三氯乙酸溶液提取，经阳离子交换固相萃取柱净化后，用液相色谱－质谱/质谱法测定和确证，外标法定量。

【试剂与材料】除非另有说明，所有试剂均为分析纯，水为 GB/T 6682 规定的一级水。

（1）乙酸。

（2）乙酸铵。

（3）乙酸铵溶液（10 mol/L）：准确称取 0.772 g 乙酸铵于 1 L 容量瓶中，用水溶解并定容至刻度，混匀后备用。

（4）其他同第一法的试剂与试料。

【仪器与设备】

（1）液相色谱－质谱/质谱（LC－MS/MS）仪：配有电喷雾离子源（ESI）。

（2）其他同第一法的仪器与设备。

【样品处理】

（1）提取

1）液态奶、奶粉、酸奶、冰淇淋和奶糖等。称取 1 g（精确至 0.01 g）试样于 50 mL 具塞塑料离心管中，加入 8 mL 三氯乙酸溶液和 2 mL 乙腈，超声提取 10 min，再振荡提取 10 min 后，以不低于 4 000 r/min 离心 10 min。上清液经三氯乙酸溶液润湿的滤纸过滤后，作待净化液。

2）奶酪、奶油和巧克力等。称取 1 g（精确至 0.01 g）试样于研钵中，加入适量海砂（试样质量的 4~6 倍）研磨成干粉状，转移至 50 mL 具塞塑料离心管中，加入 8 mL 三氯乙酸溶液分数次清洗研钵，清洗液转入离心管中，再加入 2 mL 乙腈，余下操作同上段 1）中，"超声提取 10 min，……作待净化液"。若样品中脂肪含量较高，可以用三氯乙酸溶液饱和的正己烷液—液分配，除脂后再用 SPE 柱净化。

（2）净化。将提取的待净化液转移至固相萃取柱中。依次用 3 mL 水和 3 mL 甲醇洗涤，抽至近干后，用 6 mL 氨化甲醇溶液洗脱。整个固相萃取过程流速不超过 1 mL/min。洗脱液于 50 ℃下用氮气吹干，残留物（相当于 1 g 试样）用 1 mL 流动相定容，涡旋混合 1 min，过微孔滤膜后，供 LC－MS/MS 测定。

【液相色谱-质谱/质谱测定】

(1) LC参考条件

1) 色谱柱：强阳离子交换与反相C18混合填料，混合比例（1:4），150 mm× 2.0 mm (i.d.)，5 μm，或相当者。

2) 流动相：等体积的乙酸铵溶液和乙腈充分混合，用乙酸调节至pH3.0后备用。

3) 进样量：10 μL。

4) 柱温：40℃。

5) 流速：0.2 mL/min。

(2) MS/MS参考条件

1) 电离方式：电喷雾电离，正离子。

2) 离子喷雾电压：4 kV。

3) 雾化气：氮气，40 psi。

4) 干燥气：氮气，流速10 L/min，温度350℃。

5) 碰撞气：氮气。

6) 分辨率：Q_1（单位）Q_3（单位）。

7) 扫描模式：多反应监测（MRM），母离子m/z 127，定量子离子m/z 85，定性子离子m/z 68。

8) 停留时间：0.3 s。

9) 裂解电压：100 V。

10) 碰撞能量：m/z 127>85为20 V，m/z 127>68为35 V。

(3) 标准曲线的绘制。取空白样品按照上述样品处理的提取净化步骤处理。用所得的样品溶液将三聚氰胺标准储备液逐级稀释得到浓度为0.01 μg/mL、0.05 μg/mL、0.1 μg/mL、0.2 μg/mL、0.5 μg/mL的标准工作液，浓度由低到高进样检测，以定量子离子峰面积—浓度作图，得到标准曲线回归方程。

(4) 定量测定。待测样液中三聚氰胺的响应值应在标准曲线线性范围内，超过线性范围则应稀释后再进样分析。

(5) 定性判定。按照上述条件测定试样和标准工作溶液，如果试样中的质量色谱峰保留时间与标准工作溶液一样（变化范围在±2.5%之内），样品中目标化合物的两个子离子的相对丰度与浓度相当的标准溶液的相对丰度一致，相对丰度偏差不超过规定（见表2—11），则可判断样品中存在三聚氰胺。

表2—11　　　　　定性离子相对丰度的最大允许偏差

相对离子丰度	>50%	>20%~50%	>10%~20%	≤10%
允许的相对偏差	±20%	±25%	±30%	±50%

(6) 结果计算。同第一法的结果计算。

【空白试验】除不称取样品外,均按上述测定条件和步骤进行。

【方法定量限】本方法的定量限为 0.01 mg/kg。

【回收率】在添加浓度 0.01～0.5 mg/kg 浓度范围内,回收率在 80%～110%之间,相对标准偏差小于 10%。

【允许差】在重复性条件下获得的 2 次独立测定结果的绝对差值不得超过算术平均值的 15%。

第三法　气相色谱—质谱联用法 (GC－MS 和 GC－MS/MS)

【原理】试样经超声提取、固相萃取净化后,进行硅烷化衍生,衍生产物采用选择离子监测质谱扫描模式(SIM)或多反应监测质谱扫描模式(MRM),用化合物的保留时间和质谱碎片的丰度比定性,外标法定量。

【试剂和材料】除非另有说明,所有试剂均为分析纯,水为 GB/T 6682 规定的一级水。

(1) 吡啶:优级纯。

(2) 乙酸铅。

(3) 衍生化试剂:N,O－双三甲基硅基三氟乙酰胺(BSTFA)＋三甲基氯硅烷(TMCS)(99＋1),色谱纯。

(4) 乙酸铅溶液(22 g/L):取 22 g 乙酸铅用约 300 mL 水溶解后定容至 1 L。

(5) 三聚氰胺标准溶液:准确吸取三聚氰胺标准储备液 1 mL 于 100 mL 容量瓶中,用甲醇定容至刻度,此标准溶液 1 mL 相当于 10 μg 三聚氰胺标准品,于 4℃冰箱内储存,有效期 3 个月。

(6) 氩气:纯度大于等于 99.999%。

(7) 氦气:纯度大于等于 99.999%。

(8) 其他同第一法的试剂与材料。

【仪器与设备】

(1) 气相色谱—质谱(GC－MS)仪:配有电子轰击电离子源(EI)。

(2) 气相色谱—质谱/质谱(GC－MS/MS)仪:配有电子轰击电离子源(EI)。

(3) 电子恒温箱。

(4) 其他同第一法的仪器与设备。

【样品处理】

(1) GC－MS 法

1) 提取

①液态奶、奶粉、酸奶和奶糖等。称取 5 g(精确至 0.01 g)样品于 50 mL 具塞比色管,加入 25 mL 三氯乙酸溶液,涡漩振荡 30 s,再加入 15 mL 三氯乙酸溶液,超声提

取 15 min，加入 2 mL 乙酸铅溶液，用三氯乙酸溶液定容至刻度。充分混匀后，转移上层提取液约 30 mL 至 50 mL 离心试管，以不低于 4 000 r/min 离心 10 min。上清液待净化。

②奶酪、奶油和巧克力等。称取 5 g（精确至 0.01 g）样品于 50 mL 具塞比色管中，用 5 mL 热水溶解（必要时可适当加热），再加入 20 mL 三氯乙酸溶液，涡漩振荡 30 s，再加入 15 mL 三氯乙酸溶液超声提取，以下操作同液态奶、奶粉、酸奶和奶糖等提取步骤。若样品中脂肪含量较高，可以先用乙醚脱脂后再用三氯乙酸溶液提取。

2）净化。准确移取 5 mL 的待净化滤液至固相萃取柱中。再用 3 mL 水、3 mL 甲醇淋洗，弃淋洗液，抽干后用 3 mL 氨化甲醇溶液洗脱，收集洗脱液，50℃下氮气吹干。

（2）GC－MS/MS 法

1）奶粉、奶酪、奶油、巧克力和奶糖等。称取 0.5 g（精确至 0.01 g）试样，加入 5 mL 甲醇水溶液，涡漩混匀 2 min 后，超声提取 15～20 min，以不低于 4 000 r/min 离心 10 min，取上清液 200 μL 用微孔滤膜过滤，50℃下氮气吹干。

2）液态奶和酸奶等。称取 1 g（精确至 0.01 g）试样，加入 5 mL 甲醇，涡漩混匀 2 min 后，超声提取及以下操作同奶粉、奶酪、奶油、巧克力和奶糖等的操作步骤。

3）衍生化。取上述氮气吹干残留物，加入 600 μL 的吡啶和 200 μL 衍生化试剂，混匀，70℃反应 30 min 后，供 GC－MS 或 GC－MS/MS 法定量检测或确证。

【气相色谱－质谱测定】

(1) 仪器参考条件

1) GC－MS 参考条件

①色谱柱：5% 苯基二甲基聚硅氧烷石英毛细管柱，30 m×0.25 mm（i.d.）×0.25 μm，或相当者。

②流速：1.0 mL/min。

③程序升温：70℃保持 1 min，以 10℃/min 的速率升温至 200℃，保持 10 min。

④传输线温度：280℃。

⑤进样口温度：250℃。

⑥进样方式：不分流进样。

⑦进样量：1 μL。

⑧电离方式：电子轰击电离（EI）。

⑨电离能量：70 eV。

⑩离子源温度：230℃。

⑪扫描模式：选择离子扫描，定性离子 m/z 99、171、327、342，定量离子 m/z 327。

2) GC－MS/MS 参考条件

①色谱柱：5% 苯基二甲基聚硅氧烷石英毛细管柱，30 m×0.25 mm（i.d.）×

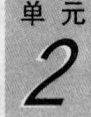

0.25 μm，或相当者。

②流速：1.3 mL/min。

③程序升温：75℃保持1 min，以30℃/min的速率升温至220℃，再以5℃/min的速率升温至250℃，保持2 min。

④进样口温度：250℃。

⑤接口温度：250℃。

⑥进样方式：不分流进样。

⑦进样量：1 μL。

⑧电离方式：电子轰击电离（EI）。

⑨电离能量：70 eV。

⑩离子源温度：220℃。

⑪四级杆温度：150℃。

⑫碰撞气：氩气，1.8 mTorr。

⑬碰撞能量：15 V。

⑭扫描方式：多反应监测（MRM），定量离子 m/z 342＞327，定性离子 m/z 342＞327，342＞171。

(2) 标准曲线的绘制

1) GC-MS法。准确吸取三聚氰胺标准溶液 0 mL、0.4 mL、0.8 mL、1.6 mL、4 mL、8 mL、16 mL 于7个100 mL容量瓶中，用甲醇稀释至刻度。各取1 mL用氮气吹干，按照5.4.3步骤衍生化。配制成衍生产物浓度分别为 0 μ/mL、0.05 μ/mL、0.1 μ/mL、0.2 μ/mL、0.5 μ/mL、1 μg/mL、2 μg/mL 的标准溶液。反应液供GC-MS测定。以标准工作溶液浓度为横坐标，定量离子质量色谱峰面积为纵坐标，绘制标准工作曲线。

2) GC-MS/MS法。准确吸取三聚氰胺标准溶液 0 mL、0.04 mL、0.08 mL、0.4 mL、0.8 mL、4 mL、8 mL 分别于7个100 mL容量瓶中，用甲醇稀释至刻度。各取1 mL用氮气吹干，按照衍生化步骤衍生化。配制成衍生化产物浓度分别为 0 μ/mL、0.005 μ/mL、0.01 μ/mL、0.05 μ/mL、0.1 μ/mL、0.5 μ/mL、1 μg/mL 的标准溶液。反应液供GC-MS/MS测定。以标准工作溶液浓度为横坐标，定量离子质量色谱峰面积为纵坐标，绘制标准工作曲线。

(3) 定量测定

待测样液中三聚氰胺的响应值应在标准曲线线性范围内，超过线性范围则应对净化液稀释，重新衍生化后再进样分析。

(4) 定性判定

1) GC-MS法。以标准样品的保留时间和监测离子（m/z 99、m/z 171、m/z 327

和 m/z 342）定性，待测样品中 4 个离子（m/z 99、m/z 171、m/z 327 和 m/z 342）的丰度比与标准品的相同离子丰度比相差不大于 20%。

2）GC—MS/MS 法。以标准样品的保留时间以及多反应监测离子（m/z 342＞m/z 327、m/z 342＞m/z 171）定性，其他定性判定原则同第二法。

（5）结果计算。同第一法的结果计算。

【空白试验】除不称取样品外，均按上述测定条件和步骤进行。

【方法定量限】本方法中，气相色谱—质谱法（GC—MS 法）的定量限为 0.05 mg/kg，气相色谱—质谱/质谱法（GC—MS/MS 法）的定量限为 0.005 mg/kg。

【回收率】GC—MS 法：在添加浓度 0.05～2 mg/kg 浓度范围内，回收率在 70%～110%之间，相对标准偏差小于 10%。GC—MS/MS 法：在添加浓度 0.005～1 mg/kg 浓度范围内，回收率在 90%～105%之间，相对标准偏差小于 10%。

【允许差】在重复性条件下获得的 2 次独立测定结果的绝对差值不得超过算术平均值的 15%。

单元测试题

单元 2

一、填空题（请将正确的答案填在横线空白处）

1. 电子天平可以进行直接称量和_____。
2. 色泽是感官评价乳与乳制品品质的一个重要因素。判定时可从_____、_____、_____三个基本属性全面地衡量和比较。
3. 利用氨溶液使乳中酪蛋白的钙盐成为可溶性钙盐，使结合的脂肪游离，乙醚从乳中提取脂肪，干燥至恒重，称其质量得乳中脂肪含量。这种方法被称为_____。
4. 在检测牛乳蛋白质时用于消化蛋白的是_____。
5. 乳品中水分的测定主要是指_____、_____、_____、_____等产品。
6. 牛乳掺水后各项指标都会发生一些变化，如_____降低、_____含量降低等。
7. 正常牛乳的冰点是相当稳定的，一般为_____，平均值为_____。
8. 牛乳中检测亚硝酸盐的原理是_____。
9. 牛乳掺豆浆的检测原理是_____。
10. 牛乳掺水检验的方法有多种，如_____法、_____法、_____法、_____法等。

二、单项选择题（下列每题的选项中，只有 1 个是正确的，请将正确答案的代号填在横线空白处）

1. 味觉与温度有关，一般在 10～45℃范围内较适宜，尤其以_____℃时最敏锐。

A. 30   B. 35   C. 40   D. 45

2. 通常认为牛乳中掺_____左右的水，其冰点会上升0.054℃。
   A. 10%   B. 15%   C. 20%   D. 25%
3. 检测牛乳中是否掺豆浆的检验原理是由于大豆含有水苏糖，而水苏糖遇碘试剂反应呈_____。
   A. 蓝色   B. 玫瑰红色   C. 污绿色   D. 黄色
4. 牛乳掺明胶及动物胶的检验原理是用硝酸汞沉淀除去_____。
   A. 乳清蛋白   B. 乳酪蛋白   C. 乳糖   D. 脂肪
5. 初乳是乳牛产犊后_____以内分泌的乳汁。
   A. 5天   B. 7天   C. 10天   D. 15天

三、多项选择题（下列每题的选项中，至少有2个是正确的，请将正确答案的代号填在横线空白处）

1. 罗兹－哥特里法测定牛乳脂肪所用的试剂有_____。
   A. 氨水   B. 乙醇   C. 乙醚   D. 石油醚
2. 酶重量法测定膳食纤维所用的酶有_____。
   A. α－淀粉醇   B. 解脂酶   C. 蛋白酶   D. 淀粉葡萄糖苷酶
3. 测定膳食纤维所用的试剂有_____。
   A. 无水硫酸钠   B. 石油醚   C. 丙酮   D. 甲苯
4. 常见的异常乳有_____。
   A. 生理异常乳   B. 病理异常乳   C. 化学异常乳   D. 细菌污染乳
5. 常见的化学异常乳可分为_____。
   A. 酒精阳性乳   B. 低成分乳   C. 异物混杂乳   D. 乳房炎乳

四、简答题

1. 简述色泽在感官检验中的意义。
2. 简要说明牛乳脂肪检测的操作步骤。
3. 检测蛋白质时需应注意哪些方面？

单元测试题答案

一、填空题

1. 去皮称量   2. 明度 色调 饱和度   3. 罗兹－哥特里法   4. 浓硫酸   5. 乳粉 奶油 炼乳 干酪   6. 比重 脂肪 全乳固体   7. －0.53～－0.55 －0.542   8. 在柠檬酸溶液中，对氨基苯磺酸及盐酸萘乙二胺作用生成红色偶氮化合物   9. 由于大豆含有水苏糖，而水苏糖遇碘试剂反应呈污绿色，依此判断牛乳是否掺豆浆   10. 密度测定法

折射计法　非脂乳固体测定法　冰点测定法

二、单项选择题

1. A　2. A　3. C　4. B　5. B

三、多项选择题

1. ABCD　2. ACD　3. ABCD　4. ABCD　5. ABC

四、简答题

答案略。

第3单元

乳品微生物检验

- 第一节 培养基、染色液和指示剂的制备/84
- 第二节 微生物检验仪器设备/86
- 第三节 微生物检验/89

第一节 培养基、染色液和指示剂的制备

→ 掌握培养基的制备及保存方法
→ 能够正确制备常用培养基、染色液、指示剂

一、常用培养基的制备

1. 伊红美兰琼脂

【成分】蛋白胨 10 g，乳糖 10 g，磷酸氢二钾 2 g，琼脂 17 g，2% 伊红溶液 20 mL，0.65% 美蓝溶液 10 mL，蒸馏水 1 000 mL。

【制法】将蛋白胨、磷酸盐和琼脂溶解于蒸馏水中，校正 pH 值至 7.1，分装于烧瓶内，121℃ 高温灭菌 15 min 备用。临用时加入乳糖并加热溶化琼脂，冷至 50~55℃，加入伊红和美蓝溶液，摇匀，倾注平板。另外现在市场上有直接配制好的伊红美兰琼脂培养基，按照标签上标示的添加量溶解，无需调节 pH，直接分装于烧瓶中，高温灭菌备用。

2. 乳糖发酵培养基

【成分】蛋白胨 20 g，猪胆盐（或牛、羊胆盐）5 g，乳糖 10 g，0.04% 溴甲酚紫水溶液 25 mL，蒸馏水 1 000 mL。

【制法】将蛋白胨、胆盐及乳糖溶于水中，校正 pH 至 7.4，加入指示剂，每管 10 mL 分装，并放入一个小导管，115℃ 高温灭菌 15 min。

注：双料乳糖胆盐发酵管除蒸馏水外，其他成分加倍。

3. 孟加拉红培养基

【成分】蛋白胨 5 g，葡萄糖 10 g，磷酸二氢钾 1 g，硫酸镁（$MgSO_4 \cdot 7H_2O$）0.5 g，琼脂 20 g，1/3 000 孟加拉红溶液 100 mL，蒸馏水 1 000 mL，氯霉素 0.1 g。

【制法】上述各成分加入蒸馏水溶解后，再加孟加拉红溶液。另用少量乙醇溶解氯霉素，加入培养基中，分装后，121℃ 灭菌 20 min。

4. 马铃薯—葡萄糖琼脂培养基

【成分】马铃薯（去皮切块）300 g，葡萄糖 20 g，琼脂 20 g，蒸馏水 1 000 mL。

【制法】将马铃薯去皮切块，加 1 000 mL 蒸馏水，煮沸 10~20 min，用纱布过滤，补加蒸馏水至 1 000 mL。加入葡萄糖和琼脂，加热溶化，分装，121℃ 灭菌 20 min。

5. 改良 TJA 培养基（改良番茄汁琼脂培养基）

【成分】番茄汁 50 mL，酵母抽提液 5 g，牛肉膏 10 g，乳糖 20 g，葡萄糖 2 g，磷酸

氢二钾 2 g，吐温—80 1 g，乙酸钠 5 g，琼脂 15 g，蒸馏水加至 1 000 mL。

【制法】首先制作番茄汁。将新鲜的番茄洗净，切碎放入锥形瓶中，置于 4℃冰箱中保存 8~12 h，取出后用纱布过滤。如果使用不完，将其置于 0℃冰箱内，可保存 4 个月之久。如要使用，让其在常温下自然溶解即可。将所有成分加入蒸馏水中，加热溶解，校正 pH 值为（6.8±0.2）分装，121℃高温灭菌 15~20 min。临用时加热溶化琼脂，冷却至 50℃再使用。

二、常用染色液的制备

1. 碱性美蓝染色液

【成分】美蓝 0.3 g，95％乙醇 30 mL，0.01％氢氧化钾溶液 100 mL。

【制法】先将美蓝溶解于乙醇中，然后与氢氧化钾溶液混合，用滤纸过滤后备用。

2. 草酸铵结晶紫液

【成分】结晶紫 1 g，95％乙醇 20 mL，1％草酸铵水溶液 80 mL。

【制法】将结晶紫溶解于乙醇中，与草酸铵溶液混合，用滤纸过滤后备用。

3. 革兰氏碘液

【成分】碘 1 g，碘化钾 2 g，蒸馏水 300 mL。

【制法】将碘与碘化钾混合，加少量蒸馏水，充分摇匀，待完全溶解后再加蒸馏水至 300 mL。

4. 稀释石碳酸复红液

【成分】碱性复红 0.3 g，95％乙醇 10 mL，5％石碳酸水溶液 90 mL。

【制法】将碱性复红溶解于乙醇中，与石碳酸水溶液混合，用滤纸过滤后即为石碳酸复红液。再取石碳酸复红液 10 mL，蒸馏水 90 mL，将 2 种成分混合后即可。

5. 沙黄复染液

【成分】沙黄 0.25 g，95％乙醇 10 mL，蒸馏水 90 mL。

【制法】将沙黄溶解于乙醇中，用蒸馏水稀释。

三、指示剂的制备

不同的指示剂有不同的配制方法，常见的指示剂的方法配制如下（见表 3—1）。

表 3—1　　　　　　　常用指示剂的变色范围和配制浓度

指示剂	变色范围 pH	颜色变化	配制浓度	用量（滴/10 mL 试液）
百里酚蓝（第一变色范围）	1.2—2.8	红—黄	0.1％的 20％乙醇溶液	1~2
甲基黄	2.9—4.0	红—黄	0.1％的 90％乙醇溶液	1

续表

指示剂	变色范围 pH	颜色变化	配制浓度	用量（滴/10 mL 试液）
甲基橙	3.1—4.4	红—黄	0.05%的水溶液	1
溴酚蓝	3.0—4.6	红—黄	0.1%的20%乙醇溶液或其钠盐水溶液	1
溴甲酚绿	4.0—5.6	红—黄	0.1%的20%乙醇溶液或其钠盐水溶液	1~3
甲基红	4.4—6.2	红—黄	0.1%的60%乙醇溶液或其钠盐水溶液	1
溴百里酚蓝	6.2—7.6	红—黄	0.1%的20%乙醇溶液或其钠盐水溶液	1
中性红	6.8—8.0	红—黄橙	0.1%的60%乙醇溶液	1
苯酚红	6.8—8.4	红—黄	0.1%的60%乙醇溶液或其钠盐水溶液	1
酚酞	8.0—10.0	无—红	0.5%的90%乙醇溶液	1~3
百里酚蓝（第二变色范围）	8.0—9.6	黄—蓝	0.1%的60%乙醇溶液	1~4
百里酚酞	9.4—10.6	无—蓝	0.1%的90%乙醇溶液	1~2

第二节 微生物检验仪器设备

→ 了解微生物检验仪器设备的工作原理和维护保养方法
→ 能够正确操作微生物检验仪器设备

一、水浴锅

1. 构造

水浴锅的水槽采用不锈钢折制焊接，外壳由钢板冲压折制焊接成型。水槽内水平放置不锈钢管状加热器，水槽的内部放有带孔的铝制隔板。上盖上配有不同口径的组合套圈，可适应不同口径的烧瓶。水浴锅左侧有放水管，水浴锅右侧是电气箱，电气箱前面板上装有温度控制仪表、电源开关。电气箱内有电热管和传感器，如图3—1所示。

2. 工作原理

传感器将水槽内水的温度转换为电阻值，经过集成放大器的放大、比较后，输出控制信号，有效地控制电加热管的平均加热功率，使水槽内的水保持恒温。

3. 使用方法

(1) 将电源插头接在插座上，关闭放水阀门，注入清水至适当深度。

图 3—1 水浴锅

(2) 顺时针调节旋温旋钮至适当温度位置。

(3) 开启水浴锅的电源开关,红灯亮,表示炉丝通电加热。

(4) 红灯灭,绿灯亮时,表示水浴锅内的水已达到所需温度,可将待检测样品及器皿放入水浴锅中加热。

(5) 试验工作结束以后,关闭电源开关,切断设备的电源,并将水槽内的水放净。

4. 维护保养

(1) 水位须不低于电热管,否则会烧坏电热管。

(2) 控制箱内不可受潮湿,以防漏电而损坏。

(3) 高温旋钮经较长时间使用后,应随时记录表盘上指示温度与实际温度的差值。

(4) 使用时应随时注意水箱是否有渗漏现象。

(5) 水浴锅长期不使用时,应将水槽内的水放净并将水槽擦拭干净,定期清除水槽内的水。

二、抗生素检测仪

目前在售的抗生素检测仪种类很多,主要有检测广谱抗生素的和单类抗生素的两种。检测方法也不相同,有的用试纸条,有的用酶联免疫法。下面介绍 Delvo－X－Press－Ⅱ快速抗生素检测仪,它只能检测牛奶中是否存在 β－内酰胺类药物残留,如图 3—2 所示。

1. 构造

检测仪上方有 A 和 B 两排放试管的插孔,左侧各 1 个插孔,右侧各 6 个插孔,下方左侧为显示屏和按键,右侧是打印纸安放处。

2. 工作原理

这个检测系统使用一种从嗜热脂肪芽孢杆菌中分离出来的特定受体,它可以识别和

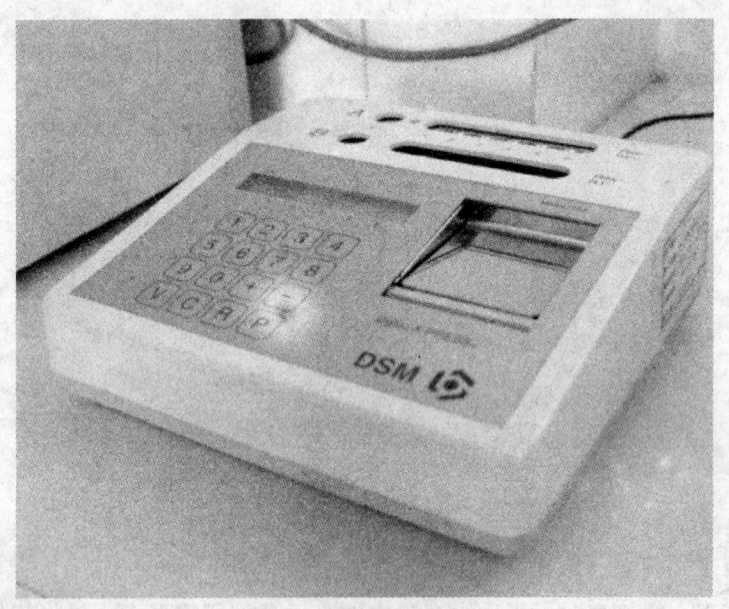

图 3—2 抗生素检测仪

结合所有 β—内酰胺类抗生素,通过酶反应产生蓝色,可判断牛奶中是否存在 β—内酰胺类抗生素残留。

3. 使用方法

(1) 准备所需数目的被膜小试管(所测奶样数加上 1 个标准样),标号。

(2) 移取 0.2 mL 标准溶液 S,放入被膜小试管中,标上"标准样"。

(3) 分别移取 0.2 mL 奶样于被膜小试管中,每次移液都用干净的吸头。

(4) 移取 0.2 mL 示踪物于所有的被膜小试管中。

(5) 将被膜小试管放入培养器前排 A 中培养 3 min。

(6) 将试管中的内容物倒出,轻弹倒放在吸水纸上的试管。用洗瓶将洗脱剂注满试管,倒掉,重复 3 次。轻弹倒放在吸水纸或纸巾上的试管,去除剩余的液体。

(7) 向所有的被膜小试管中加入 1 mL 的显色剂。第一个和最后一个试管的间隔不应超过 10 s。

(8) 被膜小试管在培养器 B 排中培养 3 min。

(9) 3 min 后系统自动停止振动并开始读数。读数若为 00 或更高(+01,+02),则可认为检测呈阳性,即样品中存在 β—内酰胺类药物残留。读数若为 -01 以及更低,例如(-02,-03),可认为阴性(通过)。

4. 维护保养

(1) 操作台应置于水平位置,避免阳光直射。

(2) 不要用稀释剂酒精或类似的溶剂擦拭操作台，应用棉布或纸蘸水擦拭。

(3) 若有液体或固体溅入仪器，切断变压电源，检查及清理仪器。

第三节 微生物检验

→ 能够正确检验酵母菌和霉菌
→ 能够正确操作大肠菌群证实实验
→ 能够正确检验抗生素的残留

一、酵母菌和霉菌的检验

1. 设备和材料

(1) 恒温培养箱：25~28℃。

(2) 冰箱：0~4℃。

(3) 恒温振荡器。

(4) 药物天平：0~500 g。

(5) 显微镜：10×，100×。

(6) 灭菌玻塞三角瓶：300 mL。

(7) 灭菌试管：15 mm×150 mm。

(8) 灭菌平皿：直径9 cm。

(9) 灭菌吸管：1 mL，10 mL。

(10) 酒精灯。

(11) 载玻片。

(12) 盖玻片。

(13) 灭菌广口瓶：500 mL。

(14) 牛皮纸袋：121℃灭菌 20 min。

(15) 金属勺，刀。

(16) 试管架。

(17) 接种针。

(18) 橡皮乳头。

2. 培养基和试剂

(1) 孟加拉红培养基（又称虎红培养基）。

(2) 马铃薯—葡萄糖琼脂培养基。

(3) 灭菌蒸馏水。
(4) 乙醇。

3. 检验程序

检验程序如图 3—3 所示。

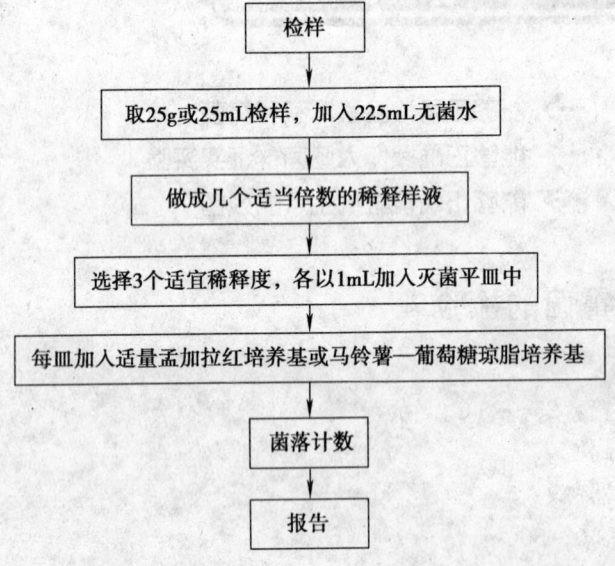

图 3—3　酵母菌、霉菌的检验程序

4. 操作步骤

(1) 采样时特别注意样品的代表性，并避免采样时的污染。首先准备好灭菌容器和采样工具，如灭菌牛皮纸袋、广口瓶、金属刀或勺等。在卫生学调查基础上，采取有代表性的样品。样品采集后应尽快检验，否则应将样品放在低温干燥处。

(2) 以无菌操作称取检样 25 g（或 25 mL），放入含有 225 mL 灭菌水的玻塞三角瓶中，振摇 30 min，即为 1∶10 稀释液。

(3) 用灭菌吸管吸取 1∶10 稀释液 10 mL，注入灭菌试管中，另用带橡皮乳头的 1 mL 灭菌吸管反复吹吸 50 次，使霉菌孢子充分散开。

(4) 取 1 mL 1∶10 稀释液注入含有 9 mL 灭菌水的试管中，另换 1 支 1 mL 灭菌吸管吹吸 5 次，此液为 1∶100 稀释液。

(5) 按上述操作顺序做 10 倍递增稀释液，每稀释 1 次，换用 1 支 1 mL 灭菌吸管。根据对样品污染情况的估计，选择 3 个合适的稀释度，在做 10 倍稀释的同时，分别吸取 1 mL 稀释液于灭菌平皿中，每个稀释度做 2 个平皿。将晾至 45℃ 左右的培养基注入平皿中，待琼脂凝固后，倒置于 25～28℃ 温箱中，3 天后开始观察。共培养观察一周。

5. 计算方法

通常选择菌落数在 30～100 之间的平皿计数，同稀释度的 2 个平皿的菌落平均数乘以稀释倍数即为每克（或每毫升）检样中所含酵母菌数和霉菌。

6. 报告

每克（或每毫升）乳或乳制品所含酵母菌数和霉菌以个/g（或个/mL）表示。

二、大肠菌群的证实实验

1. 分离培养

将产气的发酵管分别转种在伊红美兰琼脂平板上，置于（36±1）℃保温箱内培养18～24 h，然后取出，观察菌落形态，并做革兰氏染色和证实实验。

2. 证实实验

在上述平板上，挑取可疑大肠菌群菌落1～2个进行革兰氏染色，同时接种乳糖发酵管，置于（36±1）℃培养箱内培养（24±2）h，观察产气情况。凡乳糖管产气、革兰氏染色为阴性的无芽孢杆菌即可报告为大肠菌群阳性。

3. 报告

根据证实为大肠菌群阳性的管数，查MPN检索表（见表3—2），报告每100 mL（g）大肠菌群的MPN值。

表3—2　　　　大肠菌群最可能数（MPN）检索表

阳性管数			MPN 100 ML (g)	95%可信限	
1 mL (g)×3	0.1 mL (g)×3	0.01 mL (g)×3		下限	上限
0	0	0	<30	<5	90
0	0	1	30		
0	0	2	60		
0	0	3	90		
0	1	0	30	<5	130
0	1	1	60		
0	1	2	90		
0	1	3	120		
0	2	0	60		
0	2	1	90		
0	2	2	120		
0	2	3	160		
0	3	0	90		
0	3	1	130		
0	3	2	160		
0	3	3	190		
1	0	0	40	<5	200
1	0	1	70	10	210
1	0	2	110		
1	0	3	150		

续表

阳性管数			MPN 100 ML (g)	95%可信限	
1 mL (g)×3	0.1 mL (g)×3	0.01 mL (g)×3		下限	上限
1	1	0	70	10	230
1	1	1	110	30	360
1	1	2	150		
1	1	3	190		
1	2	0	110	30	360
1	2	1	150		
1	2	2	200		
1	2	3	240		
1	3	0	160		
1	3	1	200		
1	3	2	240		
1	3	3	290		
2	0	0	90	10	360
2	0	1	140	30	370
2	0	2	200		
2	0	3	260		
2	1	0	150	30	440
2	1	1	200	70	890
2	1	2	270		
2	1	3	340		
2	2	0	210	40	470
2	2	1	280	100	1 500
2	2	2	350		
2	2	3	420		
2	3	0	290		
2	3	1	360		
2	3	2	440		
2	3	3	530		
3	0	0	230	40	1 200
3	0	1	390	70	1 300
3	0	2	640	150	3 800
3	0	3	950		
3	1	0	430	70	2 100
3	1	1	750	140	2 300
3	1	2	1 200	300	3 800
3	1	3	1 600		
3	2	0	930	150	3 800
3	2	1	1 500	300	4 400
3	2	2	2 100	350	4 700
3	2	3	2 900		

续表

阳性管数			MPN	95%可信限	
1 mL (g)×3	0.1 mL (g)×3	0.01 mL (g)×3	100 ML (g)	下限	上限
3	3	0	2 400	360	13 000
3	3	1	4 600	710	24 000
3	3	2	11 000	1 500	48 000
3	3	3	≥24 000		

注1：本表采用3个稀释度 [1 mL (g)、0.1 mL (g) 和 0.01 mL (g)]，每稀释度3管。
注2：表内所列检样量如改用10 mL (g)、1 mL (g) 和 0.1 mL (g) 时，表内数字应相应降低10倍；如改用0.1 mL (g)、0.01 mL (g) 和 0.001 mL (g) 时，则表内数字应相应增加10倍。其余可类推。

三、抗生素残留的检验

1. TTC法

TTC法是我国鲜乳中抗生素残留量检验标准（GB 4689.27—1994）的检测法，属生物检测法。TTC法测定各种抗生素的灵敏度为：青霉素 $4×10^{-9}$，链霉素 $500×10^{-9}$，庆大霉素 $400×10^{-9}$，卡那霉素 $5\,000×10^{-9}$。它具有费用低、易开展的优点；缺点是耗时长，要求操作人员需有一定专业知识且实验过程中菌液的制备、水浴过程控制都要严格遵守操作规程，否则易出现假阳性，导致检验结果不稳定。

（1）测定原理

测定原理基于抗生素对微生物的抑制作用。如果牛乳中含有抗生素，则加入菌种（嗜热链球菌）经培育 2.5~3 h 后，加入 TTC 指示剂（2, 3, 5-氯化三苯基四氮唑）不发生还原反应，样品呈无色状态；如果牛乳中不含抗生素，则样品呈红色。故实验后样品颜色不变的为阳性，样品染成红色的为阴性。

（2）设备和材料

1）设备

①冰箱：-20~4℃。

②恒温培养箱：(36±1)℃。

③恒温水浴锅：(36±1)℃、(79±1)℃。

④托盘扭力天平：0~100 g，精度至 0.01 g。

⑤灭菌吸管：1 mL（具 0.01 mL 刻度）、10 mL（具 0.1 mL 刻度）。

⑥灭菌试管：16 mm×160 mm。

⑦温度计：100℃。

2）菌种、培养基和试剂

①菌种：嗜热乳酸链球菌。

②脱脂乳：113℃灭菌 20 min。

③4% 2, 3, 5-氯化三苯基四氮唑（TTC）水溶液：称取 1 g TTC，溶于 5 mL 灭

菌蒸馏水中，装褐色瓶内于 7℃ 冰箱内保存，使用前用灭菌蒸馏水稀释 5 倍。如遇溶液变为绿色或淡褐色，则不能再用。

（3）检验程序。检验程序如图 3—4 所示。

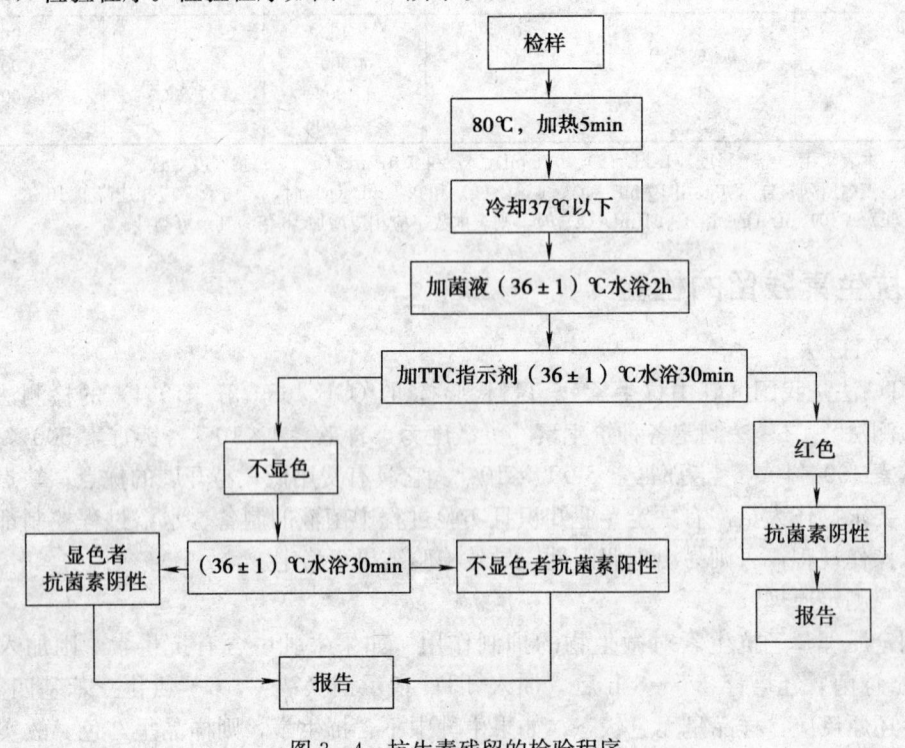

图 3—4　抗生素残留的检验程序

（4）操作步骤

1）菌液制备。将菌种移种脱脂乳，经（36±1）℃培养 15 h 后，以灭菌脱脂乳 1∶1 稀释待用。

2）取检样 9 mL，置于 15 mm×150 mm 试管内，80℃ 水浴加热 5 min，冷却至 37℃以下，加菌液 1 mL，于（36±1）℃水浴培养 2 h，再加 4% 的 TTC 指示剂 0.3 mL，在（36±1）℃水浴培养 30 min，观察如为阳性，再于水浴中培养 30 min 做第二次观察。每份检样做 2 份，另外再做阴性和阳性对照各 1 份，阳性对照管用无抗生素的乳 8 mL 加抗生素及菌液和 TTC；阴性对照管用无抗生素乳 9 mL 加菌液和 TTC 指示剂。

（5）判断方法

准备培养 30 min 观察结果，如为阳性，再继续培养 30 min 做第二次观察。观察时要迅速，避免光照过久发生干扰。乳中如有抗生素存在，则检样中虽加入菌液培养物，但因细菌的繁殖受到抑制，所以指示剂 TTC 不还原，不显色。与此相反，如果没有抗生素存在，则加入菌液即行增殖，TTC 被还原而显红色，即检样呈乳的原色时为阳性，呈红色为阴性。显色状态有一定判断标准（见表3—3）。

表3—3　　　　　　　　　　显色状态判断标准

显色状态	判断
未显色者	阳性
微红色者	可疑
桃红色—红色	阴性

2. 仪器检测法

近几年随着乳业的发展，一些检测仪器也得到了极大的发展。以前传统的检测抗生素残留的方法由于时间长、方法烦琐而逐渐不被人们所采用。一些公司相继开发出检测抗生素的仪器，具有一个共同的特点是：借助试纸对待测乳样进行试验，通过试纸颜色的变化来确定是否含有抗生素。其检测各种抗生素的灵敏度有一定标准（见表3—4）。

表3—4　　　　　　　　　检测各种抗生素的灵敏度

抗生素名称	最低检出量（μg/mL）
青霉素	0.004
链霉素	0.5
庆大霉素	0.4
卡那霉素	5

单元测试题

一、填空题（请将正确的答案填在横线空白处）

1. 孟加拉红培养基用于分离_____。
2. TTC法属于_____法。
3. 马铃薯—葡萄糖琼脂培养基的成分是_____、_____、_____、_____。
4. 改良TJA培养基又称为_____。
5. 常用的染色液有_____、_____、_____等。
6. 做大肠菌群的分离培养时，将产气的发酵管分别转种在_____平板上。

二、单项选择题（下列每题的选项中，只有1个是正确的，请将正确答案的代号填在横线空白处）

1. 检测霉菌和酵母菌使用的培养基是_____。
　　A. 孟加拉红培养基　　　　　　B. 伊红美兰培养基
　　C. 营养琼脂培养基　　　　　　D. 乳糖胆盐培养基

2. 草酸铵结晶紫液是将结晶紫溶解于_____中，然后与草酸铵溶液混合。
   A. 乙醇　　　　B. 乙醛　　　　C. 丙酮　　　　D. 蒸馏水
3. TTC 法检测抗生素残留使用的菌种是_____。
   A. 保加利亚乳杆菌　　　　　　B. 嗜热乳酸链球菌
   C. 双歧杆菌　　　　　　　　　D. 嗜酸乳杆菌
4. 乳糖发酵培养基要将溶液的 pH 值调为_____。
   A. 7.1　　　　B. 7.4　　　　C. 7.5　　　　D. 8.0

三、简答题
1. 简述大肠杆菌证实实验的具体内容。
2. 论述霉菌和酵母菌的检验原理。
3. 抗生素检测仪的工作原理是什么？
4. 水浴锅的日常维护应注意哪些？

单元测试题答案

一、填空题
1. 霉菌及酵母菌　2. 生物检测　3. 马铃薯　葡萄糖　琼脂　蒸馏水　4. 改良番茄汁琼脂培养基　5. 碱性美蓝染色液　草酸铵结晶紫　革兰氏碘液　6. 伊红美兰琼脂

二、单项选择题
1. A　2. A　3. B　4. B

三、简答题
答案略。

第4单元

乳品的加工工艺

- 第一节　巴氏杀菌乳和灭菌乳/98
- 第二节　酸乳、乳饮料的生产工艺/101
- 第三节　乳粉、奶油、炼乳及干酪的生产工艺/104

第一节 巴氏杀菌乳和灭菌乳

→ 熟悉巴氏杀菌乳的加工工艺
→ 熟悉灭菌乳的加工工艺

一、巴氏杀菌乳的生产工艺

一般巴氏杀菌乳的生产工艺流程如图4—1所示。

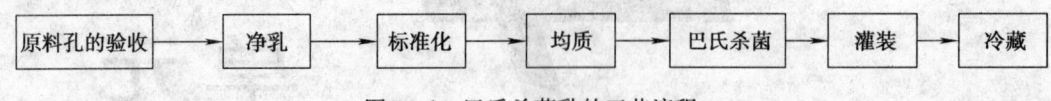

图4—1 巴氏杀菌乳的工艺流程

巴氏杀菌乳的加工工艺因不同的法规和生产厂家而有所差别。例如,脂肪的标准化可采用前标准化、后标准化或直接标准化;均质可采用全部均质或部分均质,生产脱脂乳必须增加离心脱脂工艺。

1. 原料乳的验收

要生产高品质的产品,必须选用品质优良的原料乳。乳品厂收购鲜乳时,应按照国家标准对原料乳的感官、理化和微生物指标进行检验,验收合格后方可入厂。

2. 净乳

原料乳验收后必须进行净化。其目的是去除乳中的机械杂质并减少乳中微生物数量。净乳的方法通常有过滤法和离心净乳法两种。

净化后的原料乳应立即冷却至4~6℃,以抑制细菌的繁殖,确保加工前原料乳的质量。

为保证连续生产的需要,乳品厂需要有一定数量的原料乳储存,储存量按工厂具体条件和生产能力来确定。为防止原料乳在储罐中升温,储罐配有绝热层或冷却夹套,并配有搅拌器、视孔、温度计及液位计等。储罐配置搅拌器是为了使牛乳能自下而上循环流动,防止脂肪上浮,达到均匀的要求。储罐应尽量装满,不满时温度容易升高,影响牛乳的质量。验收合格的牛乳应迅速冷却到4~6℃,储存时间不得超过24 h。

3. 标准化

标准化的目的是为了使巴氏杀菌乳的质量稳定并达到国家标准要求。标准化可通过添加稀奶油或脱脂奶进行调整。

4. 均质

均质是指对牛乳中的脂肪球进行机械处理，使它们呈较小的脂肪球均匀地分散在乳中。均质可以防止牛乳脂肪球上浮，同时均质后的牛乳脂肪球直径减小，易于消化吸收。

5. 巴氏杀菌

巴氏杀菌的目的是杀死引起人类疾病的所有微生物。经过巴氏杀菌的产品必须完全没有致病微生物。

为了保证杀死所有的致病微生物，牛乳加热必须达到某一温度，并在此温度下持续一定时间。温度和时间的组合决定了热处理的强度，几种巴氏杀菌的方法如下（见表4—1），现在乳品厂常用的方法为超巴氏杀菌法。

表 4—1　　　　　　　　　　巴氏杀菌的方法

工艺名称	温度/℃	时间
巴氏杀菌	63～65	15 s
低温长时间巴氏杀菌	62.8～65.6	30 min
高温短时间巴氏杀菌	72～75	15～20 s
超巴氏杀菌	125～138	2～4 s

6. 灌装

杀菌后的牛乳应尽快冷却至4℃左右进行灌装，灌装的目的是便于保存、分送和销售。巴氏杀菌乳的包装形式主要有玻璃瓶、聚乙烯塑料瓶、塑料袋、复合塑纸袋和纸盒等。在巴氏杀菌乳的灌装过程中要避免环境、包装材料和包装设备引起二次污染，避免灌装时间过长导致产品升温。

7. 冷藏

巴氏杀菌只杀死乳中的致病微生物，并没有将所有微生物杀死。因此乳中仍存有微生物，为了使巴氏杀菌乳能够在2～5天内保持质量，包装后的巴氏杀菌乳必须在4～6℃的冷库中储存。

二、灭菌乳的生产工艺

一般灭菌乳的生产工艺如图4—2所示。

1. 原料乳的要求

牛乳中微生物的种类及含量对灭菌乳（也称 UHT 乳）品质至关重要。首先从灭菌效率的角度考虑是芽孢的含量，其次从酶解反应的角度来考虑是细菌总数，尤其是嗜冷菌的含量。

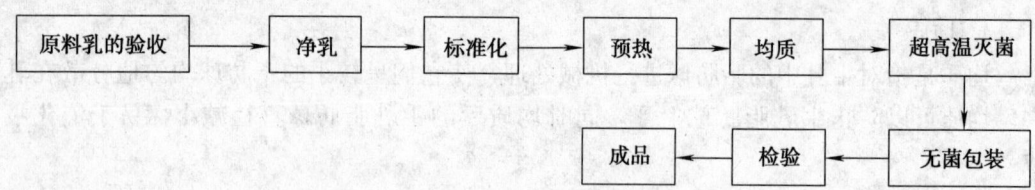

图 4—2 超高温灭菌乳的工艺流程

绝大多数细菌是不耐热的,经灭菌之后,原来每毫升乳中含有的几百万甚至上千万的细菌总数不会影响灭菌效果。但灭菌乳是长货架期产品,原料中细菌含量过高,尤其是嗜冷菌含量过高,其代谢将产生各种脂肪酶和蛋白酶,其中有些酶是十分耐热的,这些酶分解蛋白和脂肪会产生一系列产品质量缺陷,如凝块、脂肪上浮等。原料乳中如含有过高的芽孢和耐热芽孢,则会造成灭菌乳产品的后期污染。因此控制原料乳的微生物数量对保证灭菌乳的质量至关重要。灭菌乳对原料乳有微生物要求(见表 4—2)。

表 4—2　　　　　　　　灭菌乳对原料乳的微生物要求

项目	指标
细菌总数/(cfu/mL)	≤10 万
芽孢总数/(cfu/mL)	≤100
耐热芽孢数/(cfu/mL)	≤10
嗜冷菌数/(cfu/mL)	≤1 000

2. 均质

均质是乳品生产中重要的工序。目前乳品厂使用的基本都是高压均质机,压力可达 25～30 MPa。灭菌奶生产线配备的均质机置于脱气罐之后,经过均质的牛奶进入杀菌机内进行超高温灭菌。

3. 超高温灭菌

超高温灭菌指物料在连续流动的状态下通过热交换器加热至 135～150℃,并在这一温度下保持一定时间以达到商业无菌水平的杀菌方式。超高温灭菌是整个工艺中最重要的一个环节,杀菌是否彻底直接关系到成品的微生物含量合格率。

灭菌乳的杀菌一般分为 3 段:初杀菌,牛乳被加热到 60～65℃进入脱气机去除异味,均质后再进入杀菌机;灭菌,达到设定的温度 135～150℃,保持 2～7 s;冷却,经过 135～150℃的高温牛乳进入冷却段,由冰水降温至灌装温度 20℃左右。

4. 无菌包装

经超高温灭菌及冷却后的灭菌乳,应立即进行无菌包装。灭菌乳不含细菌,包装时应严加保护,以防被细菌二次污染,这种包装方法叫无菌包装。无菌包装必须符合如下要求:

(1) 包装容器和封合的方法必须适于无菌灌装,并且封合后的容器在储存和分销期间必须能阻挡微生物透过,同时包装容器应具有阻止产品发生化学变化的特性。

(2) 容器与产品的接触表面在灌装前必须灭菌,灭菌乳的灭菌效果与灭菌前容器表面的污染程度有关。

(3) 在灌装过程中,产品不能受到来自任何设备表面或周围环境的污染。

(4) 若采用盖子封合时,封合前盖子必须立即灭菌。

(5) 封合必须在无菌区域内进行,以防止微生物污染。

第二节 酸乳、乳饮料的生产工艺

→ 了解酸乳、乳饮料的生产工艺
→ 通过工艺分析了解质量问题

一、酸乳的生产工艺

酸乳的生产工艺流程如图4—3所示。

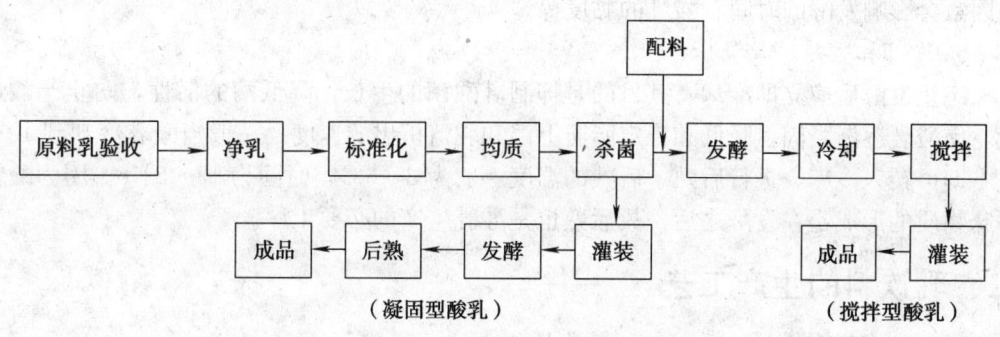

图4—3 酸乳工艺流程

根据制作工艺不同,酸乳可分为凝固型酸乳和搅拌型酸乳两种,从工艺流程来看这两种酸乳只是在灌装和发酵的方式上有差别。

1. 乳的标准化

标准化的目的就是在食品法规允许的范围内,根据所需酸乳成品的质量要求,对乳的脂肪、蛋白质和非脂乳固体含量加以调整,保证各批成品质量稳定一致。

2. 均质

预热为均质提供条件,减小均质后乳脂肪球的直径,防止均质后的产品中脂肪上浮，加强产品的稳定性。预热温度一般控制在 50～65℃，过高或过低均会影响乳中脂肪球的大小，最终影响均质后产品脂肪的稳定性。

目前，酸乳生产中采用的比较多的方法是杀菌前均质，即先均质后杀菌。均质压力的大小决定了脂肪球的大小，压力越高，脂肪球越小。搅拌型酸乳的黏度基本与均质压力成正比。一般的均质温度为 60～65℃，均质压力为 10～20 MPa。

3. 杀菌

热处理是酸乳加工中的关键工序，加热不仅能够杀灭牛乳中的致病菌和其他大部分微生物，从而提高产品的保质期，而且可使乳清蛋白变性，形成酪蛋白网状结构，改善酸乳的硬度和黏度，防止乳清分离。

酸乳生产中，可以用不同的方法对原料乳进行热处理，常使用 90～95℃，5 min 的高温短时杀菌或 125～138℃，2～4 s 的超巴氏杀菌方法。

4. 发酵

杀菌后将牛乳冷却至 42～43℃，加入嗜热链球菌和保加利亚乳杆菌混合的发酵剂，使原料乳发酵，制成酸甜适宜的酸乳产品。

乳酸菌种利用原料中的乳糖作为其生长与增殖的能量来源，在乳酸菌增殖过程中，乳糖被转化成乳酸，乳酸的形成使乳中的酪蛋白聚集沉降，形成一种蛋白质网络立体结构，使原料乳变成了半固体状态的凝胶体即酸乳。

影响发酵的因素主要有乳酸菌菌种活力、发酵温度、原料乳的全乳固体含量等，这些因素会影响发酵的时间、酸乳的黏度等。

5. 冷却和后熟

终止发酵后应立即冷却，其目的是抑制乳酸菌的生长，降低酶的活性，防止产酸过度，使酸乳逐渐凝固，降低和稳定脂肪上浮和乳清析出的速度。一般当酸乳冷却到 10℃左右即可转入冷库，进行后熟。后熟的温度一般为 2～6℃，时间为 12～24 h。因为酸乳香味物质的形成是在发酵之后，故后熟也是酸乳生产的必要工序。

二、乳饮料的生产工艺

1. 含乳饮料

含乳饮料的生产工艺流程如图 4—4 所示。

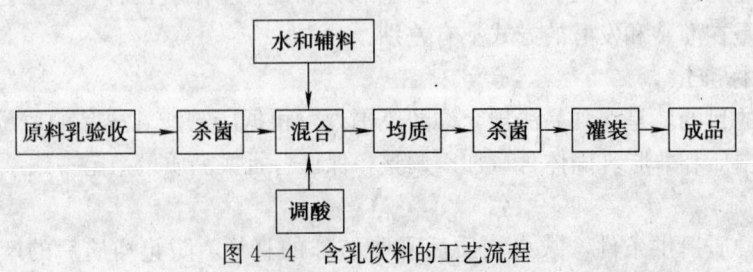

图 4—4 含乳饮料的工艺流程

含乳饮料的关键控制点：
(1) 辅料的溶解

含乳饮料的辅料主要有白砂糖和稳定剂。辅料溶解时可将稳定剂和白砂糖混合，将混合物加入到70～80℃的热水中，在高速混料器中充分混合。

(2) 调酸

调酸是酸性含乳饮料生产中最重要的工序，成品的品质取决于调酸过程。为了得到最佳的酸化效果，酸化前应将牛乳的温度降至40℃以下，为保证酸溶液与牛乳充分均匀混合，混料罐应配备高速搅拌器，同时酸液应缓慢地加入到牛乳中。为了控制酸化过程，通常在调酸前先将酸配制成10％或20％的溶液，为避免局部酸度过大，也可在酸液中加入一些缓冲盐类如柠檬酸钠等。稀释的酸味剂在均质之前加入，香精、色素在杀菌降温后加入。

2. 乳酸菌饮料

乳酸菌饮料的生产工艺流程如图4—5所示。

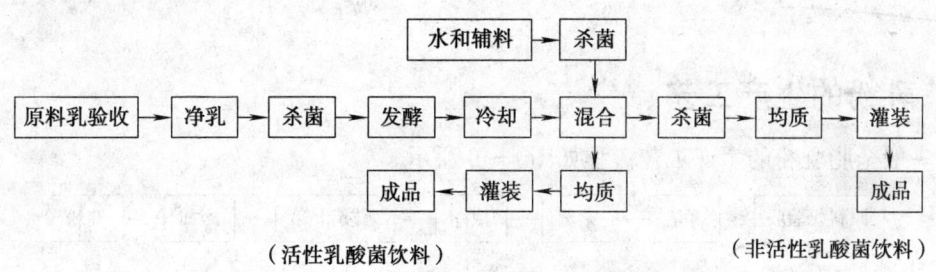

图4—5 乳酸菌饮料的工艺流程

乳酸菌饮料的关键控制点：
(1) pH值的控制

蛋白质属于胶体，具有双电层，可防止乳酸菌饮料的絮凝沉淀，但当蛋白质遇到酸，双电层即会被破坏，会出现絮凝现象，此时的pH值等于蛋白质的等电点。只要溶液的pH值远离蛋白质的等电点，蛋白质胶体就可以保持稳定状态。由于乳中酪蛋白的等电点为4.6，所以在调pH值时一般调节区间为4.0～4.2。过低则酸味太重，过高则很容易出现絮凝。

(2) 稳定剂

稳定剂主要作用是增强蛋白质胶体颗粒的保护膜，增强其稳定性，同时可以提高其黏度，增强口感。

此外，水也是很关键的一个因素，如果水的硬度过高，水中钙离子的浓度过高，容易导致乳中蛋白质双电层的破坏，从而使其出现絮凝，所以制作乳酸菌饮料和酸性含乳饮料必须配用软化水。

(3) 乳酸菌活菌的保持

活性乳酸菌饮料是含有乳酸菌活菌的饮料，故在生产中应注意乳酸菌活菌数量的保持。为了使产品中含有较多的活性乳酸菌，在生产过程中应使用乳酸菌活力较强的发酵剂，保证足够的发酵剂添加量。发酵温度不要高于乳酸菌的最适培养温度，发酵完毕后要迅速冷却，否则菌的活力会下降。在调酸时添加柠檬酸不要过量，否则会使活菌数量下降。使用苹果酸效果较好。

第三节 乳粉、奶油、炼乳及干酪的生产工艺

→ 了解乳粉、奶油、炼乳及干酪的生产工艺
→ 通过工艺分析了解质量问题

一、乳粉的生产工艺

一般全脂乳粉的生产工艺流程如图 4—6 所示。

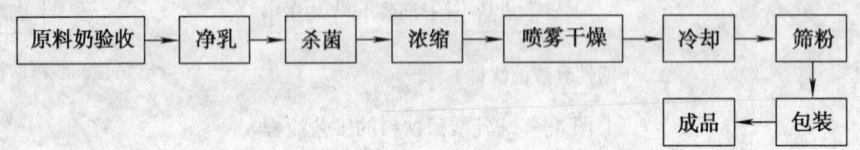

图 4—6　全脂乳粉的工艺流程

全脂乳粉的关键工序：

1. 原料乳的验收

鲜乳验收后如果不能立即加工，必须储存在 4~6℃ 的储奶缸中以确保牛乳质量，在储存的过程中还要不定期地搅拌以防止脂肪上浮。

2. 净乳

原料乳验收后必须进行净乳，否则原料乳中的机械杂质会影响乳粉的杂质度含量。方法同巴氏杀菌乳的净乳方法。

3. 杀菌

牛乳中的细菌是引起牛乳腐败的主要原因，也是影响乳粉质量与保质期的重要因素。通过杀菌可以抑制细菌的繁殖及解脂酶、过氧化物酶的活性。

4. 浓缩

乳粉生产常采用真空浓缩，浓缩的程度直接影响乳粉的质量，特别是不溶度指数。

生产乳粉时，原料乳一般浓缩至原体积的 1/4，牛乳的全乳固体达到 45% 左右，浓缩后的乳温一般为 47~50℃，这时浓缩乳的浓度应为 14~16°Be（波美度）。

浓缩的乳粉设备应选用蒸发速度快、连续出料、节约能耗的蒸发器，常用的蒸发器是双效降膜式蒸发器。

5. 喷雾干燥

浓缩乳经雾化后，分散成无数直径为 10~150 μm 的微细液滴，表面积大幅增加，与干热空气接触后，水分蒸发速度快，整个干燥过程只需 10~30 s，牛乳的营养成分破坏程度较小。乳粉中的水分含量在 2.5%~5.0% 之间，在这样低的水含量条件下细菌很难繁殖，因此干燥延长了乳粉的货架期，降低了可能出现的质量问题和占用的体积。

6. 冷却、筛粉

经过喷雾干燥的乳粉落入干燥室的底部，粉温为 60℃ 左右，应尽快将其冷却。一般有气流出粉和流化床出粉 2 种出粉方式。筛粉一般采用机械振动筛，筛底网眼为 40~60 目，目的是为了使乳粉均匀、松散、便于冷却。

二、奶油的生产工艺

奶油的加工工艺流程如图 4—7 所示。

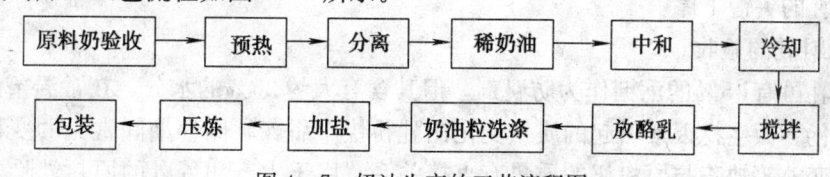

图 4—7 奶油生产的工艺流程图

奶油生产的关键工序：

1. 分离

分离需要控制好以下几个方面：

（1）流量。流量过大分离效果不好，应将进料量控制在设备允许的范围内。

（2）分离机转速。分离机转速越高，分离的效果就越好。

（3）温度。将进料温度控制在 35~50℃ 分离效果最好。

2. 搅拌

搅拌的目的是将稀奶油中的脂肪球聚结形成奶油粒。奶油生产搅拌器有多种类型，如木制搅拌器、不锈钢制搅拌器等。搅拌时要控制好搅拌的时间和转速，一般情况下，搅拌的时间在 30~45 min，搅拌速度在 30~45 r/min。这是因为搅拌时间过长、搅拌速度过快（或慢），都会对奶油颗粒的大小产生影响，甚至会影响奶油的出品率。

3. 洗涤

稀奶油经搅拌形成奶油粒后放出酪乳，但仍有少量的酪乳存留其中，通过洗涤可将这些酪乳除去，从而延长奶油的保存期。洗涤时要注意洗涤水的质量、温度及用量。

4. 加盐

奶油中加盐有两个目的：一是通过盐来抑制微生物的生长，延长保存期；二是为了形成人们所喜欢的口味。成品奶油中的含盐量以 2% 为标准，由于在压炼时有部分食盐流失，因此在添加时按 2.5%～3% 加入。

5. 压炼

奶油粒被压成奶油层的过程称为压炼。压炼后的奶油水分含量应在 16% 以下，否则会影响奶油的保质期。

三、炼乳的生产工艺

这里主要介绍甜炼乳的生产工艺，甜炼乳的生产工艺流程如图 4—8 所示。

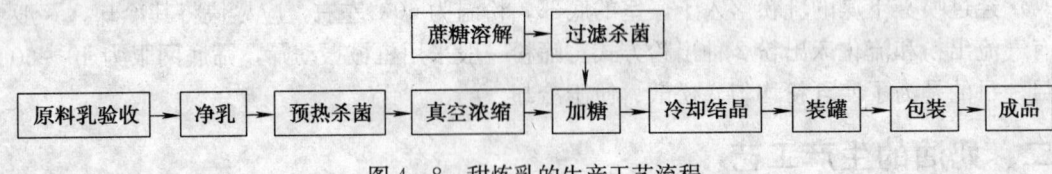

图 4—8 甜炼乳的生产工艺流程

甜炼乳的关键工序：

1. 原料乳的验收

甜炼乳虽有 45% 的蔗糖作为防腐剂，但其含有大约 26% 的水分，在常温条件下储存时，由理化、微生物因素引起的质量变化比乳粉快。甜炼乳储存期间常见的变稠、褐变和滋气味变差等缺陷与原料奶的质量有直接关系。用于生产甜炼乳的原料乳除要符合乳制品生产的一般质量要求外，还应控制芽孢菌和耐热芽孢菌的数量。因为炼乳真空浓缩时的受热温度为 65～70℃，而 65℃ 是芽孢菌和耐热芽孢菌较适宜的生长温度，可能引起乳的腐败。另外要求生产甜炼乳的原料乳乳蛋白的热稳定性好，能耐受强热处理。这就要求原料乳的酸度≤18°T、72% 酒精试验呈阴性和盐离子平衡。

2. 预热杀菌

预热杀菌的目的主要是杀灭原料乳中的细菌和致病菌，破坏和钝化酶的活力，以保证食品的安全，提高成品的保存期。为牛奶在真空浓缩过程中起预热作用，防止结胶，加速蒸发，引起蛋白质适当的变性，推迟成品变稠时间；若采用预先加糖方式时，通过预热可将蔗糖完全溶解。

预热温度和保持时间在 63℃，30 min 低温长时间杀菌法到 135～150℃、3～5 s 超高温瞬时杀菌法等广泛的范围内选择。常用方法为 75℃ 保持 10～15 min 及 80℃ 保持 10 min。

3. 加糖

加糖的目的是利用蔗糖溶液的渗透压作用，抑制乳中细菌的繁殖，增强甜炼乳的保存性，同时赋予成品甜味。

4. 真空浓缩

浓缩是使牛乳中的水分蒸发，提高乳固体含量，以达到成品所要求的浓度。现代甜炼乳生产通常都采用真空浓缩法，它具有蒸发温度低，热能消耗少等优点。浓缩时间应越短越好，一般以不超过 2.5 h 为宜。浓缩乳的温度应控制在 45~55℃，温度过高或过低都会对乳中的脂肪和蛋白质的稳定性产生影响。

5. 冷却结晶

冷却结晶的目的主要是迅速地将浓缩乳冷却至常温，防止甜炼乳在保存期内变稠、变色，同时通过冷却使处于过饱和状态的乳糖形成多而细的结晶，使甜炼乳具有细腻的感官特性。

6. 装罐

经冷却后的甜炼乳，其中含有大量的气泡，如果此时装罐，气泡会留在罐内影响质量，因此，甜炼乳必须经检验合格后方可装罐，装罐时必须除去气泡并装满。

四、干酪的生产工艺

一般干酪的生产工艺流程如图 4—9 所示。

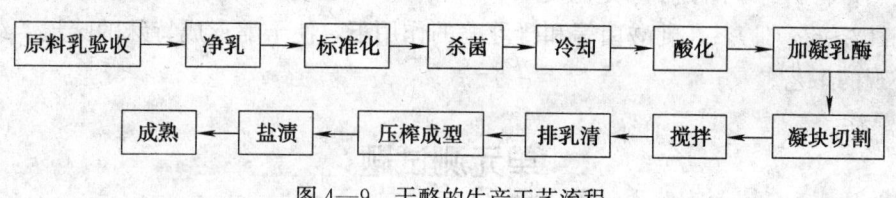

图 4—9　干酪的生产工艺流程

干酪生产的关键工序：

1. 原料乳验收

生产干酪的原料必须经过感官检验、酸度检验、酒精试验及抗生素残留试验，检验合格后方可投入生产。

2. 净乳

芽孢菌在巴氏杀菌时不能被杀灭，对干酪的生产和成熟造成很大危害。如用离心净乳机进行净乳处理，不仅可以除去乳中的杂质，还可以将乳中 90% 的细菌除去，尤其对相对密度较大的芽孢菌特别有效。

3. 标准化

为了使产品符合国家标准，要使每一批干酪产品的组成一致、质量均匀，对原料乳必须进行标准化处理。

4. 杀菌

干酪杀菌的方法大多采用 63℃、30 min 的低温长时间杀菌或采用 72℃、15 s 的高温短时间杀菌。热处理可以杀灭原料乳中的有害菌和致病菌，使酶类失活，确保干酪产品的卫生安全，延长干酪的保存期。

5. 加凝乳酶

目前干酪生产中所采用的凝乳酶多以皱胃酶为主。通常用量是100 kg中乳添加20～40 mL凝乳酶溶液。用1‰的食盐水将酶配制成2％的溶液，并在28～32℃下保温30 min，再加到乳中搅拌均匀。

6. 凝块切割

牛乳凝固后，当达到所需的硬度时即可切块。一般用刀刃距离为0.8～1.2 cm的干酪刀切成大约0.8 cm的小立方体，切块越大，含水率越高。凝乳切得过碎或不均匀，会影响干酪的质量。

7. 排乳清

当pH值或乳酸度达到要求时（一般在pH值6.1左右，乳酸度0.2％左右）即开始排除乳清。乳清由干酪槽底部通过金属网排出，此时应将干酪粒堆积在干酪槽的两侧，以促进乳清的进一步排出。排出的乳清一般脂肪为0.3％，蛋白质为0.9％。

8. 成熟

成熟是将新鲜干酪置于一定温度（10～12℃）和湿度（85％～90％）条件下，经一定时期（3～6个月），在乳酸菌等和凝乳酶的作用下，使干酪形成特殊的味道、组织结构及外观的工艺。

单元测试题

一、**填空题**（请将正确的答案填在横线空白处）

1. 生产乳饮料时稀释的酸味剂在_____之前加入，香精、色素在_____后加入。
2. 净乳的方法通常有_____和_____两种。
3. 巴氏杀菌的目的是_____。
4. 一般正常的酸乳发酵温度是_____。
5. 酸乳预处理段均质的温度是_____，均质压力为_____。
6. 牛乳中酪蛋白的等电点为_____。
7. 干酪生产中起凝乳作用的物质主要是_____。
8. 甜炼乳中加糖的目的是_____和_____。

二、**单项选择题**（下列每题的选项中，只有1个是正确的，请将正确答案的代号填在横线空白处）

1. 净化后原料乳应立即冷却到_____，以抑制细菌的繁殖，确保加工前原料乳的质量。

A. 0~4℃　　B. 4~6℃　　C. 4~10℃　　D. 10℃左右

2. 高温短时间杀菌方式为_____。

A. 72~75℃　15~20 s　　B. 62.8~65.6℃　30 min
C. 63~65℃　15 s　　　　D. 90~95℃　10~15 s

3. 用于加工灭菌乳的原料乳对细菌总数的要求是不超过_____。

A. 10万　　B. 20万　　C. 50万　　D. 100万

三、多项选择题（下列每题的选项中，至少有2个是正确的，请将正确答案的代号填在横线空白处）

1. 酸乳是指在乳中接种_____，经过乳酸菌发酵而制成的凝乳状产品，成品中必须含有大量相应活菌。

A. 嗜热链球菌　　　　　　B. 保加利亚乳杆菌
C. 双歧杆菌　　　　　　　D. 嗜酸乳杆菌

2. 乳粉的出粉方式一般有_____。

A. 气流出粉　B. 冷却出粉　C. 流化床出粉　D. 冷冻出粉

3. 干酪杀菌的方法大多采用_____。

A. 63℃，30 min　　　　　B. 72℃，15 s
C. 95℃，10 s　　　　　　D. 121℃，15 min

四、简答题

1. 简要回答巴氏乳的杀菌方式有哪些？
2. 简述 UHT 乳工艺中灭菌的具体要求。
3. 生产含乳饮料的关键技术有哪些？

单元测试题答案

一、填空题

1. 均质　杀菌降温　2. 过滤法　离心法　3. 杀死引起人类疾病的所有微生物　4. 42~43℃　5. 60~65℃　10~20 MPa　6. 4.6　7. 凝乳酶　8. 抑制乳中细菌的繁殖同时赋予成品甜味

二、单项选择题

1. B　2. A　3. A

三、多项选择题

1. AB　2. AC　3. AB

四、简答题

答案略。

第5单元

产品质量判定

- 第一节 巴氏杀菌乳的不合格品原因分析/112
- 第二节 灭菌乳的不合格品原因分析/113
- 第三节 酸乳的不合格品原因分析/116
- 第四节 含乳饮料的不合格品原因分析/120

酸乳等乳品由于各种原因往往会出现质量问题，在探究产生这些质量问题的原因之前，熟悉酸乳等乳品的特点、类型以及工艺控制点，为分析产品的不合格原因创造基础条件。

第一节 巴氏杀菌乳的不合格品原因分析

→ 掌握巴氏杀菌乳的特点、加工类型和工艺关键控制点
→ 能够分析巴氏杀菌乳产品不合格的原因

一、巴氏杀菌乳的特点和类型

1. 巴氏杀菌乳的特点

巴氏杀菌乳也称巴氏乳，通过杀菌杀灭引起人类疾病的所有微生物。巴氏乳因采用的杀菌温度比较低，所以它最大限度地保留了牛乳的营养价值。但同时由于巴氏乳一般采用塑袋包装（不是阻氧避光膜），杀菌时并没有将所有的细菌杀死，因此巴氏乳的保存期比较短，并且需要冷藏处理才行。

2. 巴氏乳的类型

巴氏乳按照加工工艺的不同可分为以下几类：

（1）低温长时间巴氏杀菌乳。杀菌温度是63℃，时间是30 min。

（2）高温短时间巴氏杀菌乳。杀菌温度是72～75℃，时间是15～20 s。

二、巴氏乳的工艺关键控制点

1. 原料乳的验收

巴氏杀菌乳的质量大部分取决于原料乳的质量，因此，必须加强对原料乳的质量控制。原料乳理化指标要求：脂肪≥3.1%，蛋白质≥2.9%，非脂乳固体≥8.1%。

2. 巴氏杀菌

巴氏杀菌乳生产工艺的重要环节是控制好杀菌温度。国内一些乳品企业将杀菌温度提高到125℃以上的杀菌乳也以巴氏乳来销售，这是不正确的做法，只有严格按照上述的杀菌温度、杀菌时间生产的牛乳才叫巴氏乳。

三、巴氏乳不合格原因分析

巴氏乳容易出现的质量问题主要有以下3类：

1. 生产过程中产品变质

(1) 巴氏乳包材不合格导致牛乳发生变质,如包材厚薄不均匀、包材有细小的砂眼等。采取的措施是选用质量好的包材。

(2) 生产设备受污染,清洗不良或存在卫生死角。

(3) 包材在使用的过程中受到了污染,如环境差导致包材污染。

2. 产品有异味

导致巴氏乳产生异味的主要原因是在生产过程中清洗剂残留,产品中混入了清洗剂所致。采取的措施是:生产前对管线、缸等设施进行 CIP 清洗,以确保无清洗剂残留发生。

3. 成品不到保质期发生变质

出现这种质量问题的原因主要是由于储存温度不符合要求。巴氏乳的储存温度为 0~4℃保存 48 h,如果高于这个温度就会产生变质现象,因此,巴氏乳需要全程冷链支持。

第二节 灭菌乳的不合格品原因分析

→ 掌握灭菌乳特点、加工类型和工艺关键控制点
→ 能够分析灭菌乳产品不合格的可能原因

一、灭菌乳的特点和类型

灭菌乳可分为两大类,即超高温灭菌乳和保持灭菌乳。灭菌乳由于采用了 135℃以上的高温杀菌,牛乳中的所有微生物均被杀死,故它的保存期可长达 3 个月甚至 6 个月之久。

1. 灭菌乳的特点

灭菌乳是 20 世纪初逐渐发展起来的一种牛乳新品。随着加工设备的日新月异,通过先进的设备及优良的生产工艺,人们能够将牛乳的保存期延长得更久。自 20 世纪 90 年代开始,我国的灭菌乳生产得到了飞速发展。据不完全统计,目前国内乳品市场上纯牛乳中灭菌乳占到了 80%以上,而且仍有上升空间。

灭菌乳具有以下几个明显的特点:

(1) 热处理强度高

灭菌乳通常采用的是 135℃以上的高温处理,因此,牛乳中的微生物被杀死,耐热酶类全部失去活性，保存期间产品不会发生化学、物理变化。

（2）产品不需冷藏

灭菌乳与巴氏杀菌乳最大的区别是其无需冷藏。无论是运输还是在销售过程中灭菌乳都不需要冷藏，这为长距离运输、销售创造了条件。

（3）灭菌乳的营养价值较巴氏乳低

高温处理不仅杀死了致病微生物，而且对牛乳中的热敏性物质如蛋白质、维生素、矿物质等也产生不利影响，从而降低了牛乳的营养价值。

2. 灭菌乳的加工类型

灭菌乳按热处理方式的不同大体上分为以下两类：

（1）超高温灭菌乳

超高温灭菌乳就是指牛乳在连续流动的状态下通过热交换器加热至135~150℃，在这一温度下保持一定的时间以达到商业无菌水平，再于无菌状态下灌装在无菌容器中的产品。

（2）保持灭菌乳

保持灭菌乳是指牛乳在密闭容器内被加热到110℃以上，保持15~40 min，经冷却后而制成的产品。由定义可以看出：保持灭菌乳的杀菌温度虽然没有超高温灭菌乳高，但是由于保持的时间比超高温灭菌乳长，故保持灭菌乳的热处理强度要比超高温灭菌乳大，因此保持灭菌乳的营养损失最大。

二、灭菌乳的工艺关键控制点

1. 原料乳验收

原料乳质量的好坏直接决定了灭菌乳的质量。对于生产灭菌乳的原料乳要求是：脂肪≥3.1%，蛋白质≥2.9%，非脂乳固体≥8.1%，比重≥1.028，蛋白稳定性要通过75%酒精试验，体细胞数≤50万个/mL，原料乳细菌总数≤10万 cfu/mL，芽孢总数≤100 cfu/mL，耐热芽孢数≤10 cfu/mL，嗜冷菌≤1 000 cfu/mL。

2. 标准化

标准化的目的是调整原料乳的指标，使之完全符合国家标准的要求。如脂肪过高，则采取离心的办法降低乳脂含量；如脂肪过低，则采取添加稀乳油的办法提高含量。蛋白质不达标，可以采用增加脱脂乳粉的办法来解决。

3. 预处理

灭菌乳的预处理包括牛乳的预热、脱气、均质3个环节。预热的温度一般为65~75℃。脱气的目的是将牛乳中的异味除去，确保产品口味正常。均质最主要的作用是将牛乳中的脂肪球粉碎成细小的、易于消化的脂肪球，减缓产品在储存乃至销售过程中脂肪上浮。均质的温度一般为65~75℃，均质的压力为20~25 MPa。

4. 超高温灭菌

超高温灭菌是将产品加热至130～150℃保持几秒钟，由于采用了超高温瞬时灭菌加工工艺，降低了产品的化学变化可能性。牛乳灭菌的最高温度要先行设定，在生产过程中，实际的灭菌温度不断变化，输入的信息在灭菌机的操作控制盘上提示和记录，控制系统可根据记录发出指令，不断调整进气阀开启的大小，以保持稳定的灭菌温度。

5. 无菌灌装

经过超高温灭菌后的牛乳进入包装机中灌装。要保证双氧水的正常喷涂，需经常检测双氧水的浓度和温度，严格执行包装机的CIP清洗。正常生产时每天要清洗2次，即开机前1次，生产结束后1次。物理危害基本消除，化学危害主要是防止双氧水的残留，使其在国家标准规定的范围之内。此外仍需避免微生物的污染即二次污染，坚持做好以下几点：

(1) 无菌仓的微生物细菌数≤10个/mL。

(2) 无菌环境即包装间空气细菌数≤20个/mL。

(3) 双氧水浓度30%～35%，温度20～25℃。

(4) 蒸汽>125℃，持续时间25 min。

三、灭菌乳不合格原因分析

灭菌乳不合格的原因主要有酸包、苦包、沉淀包、褐变等。

1. 产品风味不良

生产灭菌乳原料乳至关重要，对原料乳的要求也比较高。在理化方面，除了脂肪、蛋白质外，酒精试验是最重要的，75%酒精试验为阳性的原料乳一旦进入杀菌机就会造成因蛋白稳定性差而出现糊管现象，给产品带来极大影响。另外，如果原料乳中有较大数量的嗜冷菌，虽然经过热处理将大部分杀死，但由于嗜冷菌会产生一些经灭菌处理也不会失活的耐热酶类，导致牛乳在储存期间发生产品滋气味改变，如出现酸辣味、苦味或产生凝胶化问题。

2. 产品坏包

灭菌乳产生过程中坏包较多的类型是有结块、酸包等。产生原因与生产现场的卫生条件有很大关系。如杀菌参数设置不合理，无菌灌装被破坏，无菌环境质量差等都是导致出现坏包的原因。只有控制好这些环节，才能确保生产出高质量的灭菌乳。

3. 产品有稠厚感，色泽异常

产生这种现象的原因主要是与灭菌参数设置不合理有关，如杀菌温度过高而保持时间又较长就会出现此类缺陷。产品颜色发生变化也是灭菌乳经常出现的质量问题。牛乳经过高温处理会发生美拉德反应，其原因是酪蛋白的末端氨基酸—赖氨酸的游离氨基与乳糖的羰基发生反应，最终生成褐色物质。解决办法是选择合理的杀菌参数。

第三节 酸乳的不合格品原因分析

→ 掌握酸乳的特点、加工类型和工艺关键控制点
→ 能够分析酸牛乳产品不合格的原因

一、酸乳的特点和类型

酸乳（又称酸奶）属发酵乳。所谓发酵乳是指乳和乳制品在特征菌的作用下发酵而成的酸性凝乳状制品，在保质期内该产品中的特征菌必须大量存在，并能继续存活且具有活性。酸乳一般是在乳中添加乳酸菌（保加利亚乳杆菌、嗜热链球菌）经发酵制成，成品中必须含有大量的、相应的活性微生物。

酸乳具有较高的营养价值，自 21 世纪初以来，科学家对酸乳进行了大量而又长期的研究，结果表明：酸乳对人体具有良好的保健功能。

1. 酸乳的特点

酸乳具有较高的营养价值，除了提供一些能量物质：如脂肪、蛋白质、乳糖等外，乳中钙的含量也比较高，其中 1/3 是可溶性钙，非常利于人体消化吸收。另外酸乳还具有广泛的保健功能：如可以克服乳糖不耐症，降低胆固醇，预防冠心病，减少体内毒素，延缓人体衰老等功能。消费者食用酸乳后其中的乳酸菌在肠道内能抑制有害菌的繁殖，调节肠内运动，促进消化吸收。

酸乳在营养功能上有许多特点。长期食用酸乳，能够调理肠胃内细菌平衡；能增加双歧杆菌等有益菌，抑制有害的菌群，净化肠胃，减少粪便中的腐败物，刺激肠胃蠕动，防止便秘，减少肠胃疾病发生；强化钙质的吸收，降低情绪焦虑及避免骨质疏松症。酸乳中的钙浓度高、易吸收，是人体最好的钙来源。对于部分人群喝牛奶拉肚子的乳糖不耐症，具有缓和作用，所以有乳糖不耐症者可安心食用酸乳。

2. 酸乳的加工类型

通常根据成品的组织状态、口味、原料乳脂肪含量、生产工艺和菌种的组成将酸乳分为以下不同的类别：

(1) 按成品的组织状态分类

1) 凝固型酸乳。在零售包装容器中发酵的产品，如在塑料瓶、玻璃瓶内，其凝块是均一的半固体状态。

2) 搅拌型酸乳。成品是先发酵后灌装而得。发酵后的凝乳已在灌装前和灌装过程中搅碎而成黏稠状组织状态。

(2) 按成品口味分类

1) 天然纯酸乳。产品只由原料乳加菌种发酵而成，不含任何辅料和添加剂。

2) 加糖酸乳。产品由原料乳和糖加入菌种发酵而成。

3) 果料酸乳。成品是由天然酸乳与糖、果料混合而成。

4) 调味酸乳。在天然酸乳或加糖酸乳中加入香料而成。

5) 复合型或营养健康型酸乳。通常在酸乳中强化不同的营养素或在酸乳中混入不同的辅料而成。

(3) 按原料乳中脂肪含量分类

1) 全脂酸乳。

2) 部分脱脂酸乳。

3) 脱脂酸乳。

(4) 按发酵后的加工工艺分类

1) 浓缩酸乳。这是一种将正常酸乳中的部分乳清除去而得的浓缩产品。

2) 冷冻酸乳。这是一类在酸乳中加入果料、增稠剂或乳化剂后，将其凝冻处理而得的产品。

3) 充气酸乳。发酵后在酸乳中加入部分稳定剂和起泡剂，经过均质处理即得这类产品。这类产品通常是以充 CO_2 的酸乳饮料形式存在。

4) 酸乳粉。通常使用冷冻干燥法或喷雾干燥法将酸乳中 95% 的水分除去而制成酸乳粉。

(5) 按菌种分类

1) 酸乳。通常指仅用保加利亚乳杆菌和嗜热链球菌发酵而得的产品。

2) 双歧杆菌酸乳。酸乳菌种中含有双歧杆菌经发酵而得的产品。

3) 嗜酸乳杆菌酸乳。酸乳菌种中含有嗜酸乳杆菌经发酵而得的产品。

4) 干酪乳杆菌酸乳。酸乳菌种中含有干酪乳杆菌经发酵而得的产品。

二、酸乳的工艺关键控制点

酸乳生产中各个工序对酸乳产品的质量有不同的影响，某些关键工序对酸乳质量的高低有很大影响，如原料乳的验收、杀菌、发酵等。只有控制好这些关键点，才能确保生产出高品质的酸乳。

1. 原料乳验收

原料乳收购与验收是酸乳生产的第一道工序，原料乳质量的好坏决定了酸乳产品品质的高低。生产酸乳必须要进行小样试验，具体操作如下：量取 100~150 mL 牛乳，用电炉加热至 95℃ 以上，将其冷却到 45℃ 左右，加 3% 生产发酵剂，然后置于 43℃ 的恒温箱发酵。如在3.5~4.5 h凝固即视为无抗乳，反之则不得加工酸乳。

原料乳验收标准：脂肪≥3.1%，蛋白质≥2.9%，非脂乳固体≥8.1%，酸度≤18°T，72%酒精试验阴性，滋气味正常，无掺假现象，无抗生素残留。

2. 发酵

发酵也是酸乳生产工艺中的关键点之一。发酵控制不良则会产生很多质量缺陷，如发酵时间延长、酸度过高、乳清析出等。因此设置合理的发酵温度，保证发酵室温度均衡，是必须要周密考虑的。传统的发酵剂是保加利亚乳杆菌和嗜热链球菌的混合菌。最初嗜热链球菌开始生长发育，随着抑制保加利亚乳杆菌生长发育所必须的氧的消耗，酸乳中产生稀奶油或奶油那样的芳香成分即丁二酮，既而保加利亚乳杆菌开始产酸，酸的产生促使嗜热链球菌分解蛋白质产生氨基酸和酸乳特征风味物质即乙醛。在43℃下长时间培养，由于保加利亚乳杆菌持续产酸，嗜热链球菌停止生长。

如图5—1所示，可以看出两菌在40~45℃环境下的生长速度。从图中我们可以看出：当发酵温度在42~43℃时，嗜热链球菌和保加利亚乳杆菌生长发育最好。

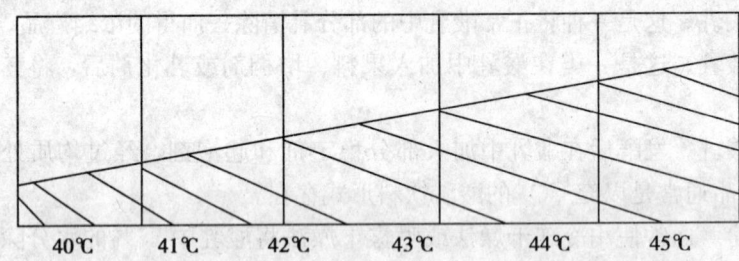

图5—1 保加利亚乳杆菌和嗜热链球菌在40~45℃生长趋势图

说明：图中带斜杠的是代表保加利亚乳杆菌，不带斜杠的是嗜热链球菌

三、酸乳不合格原因分析

造成酸乳不合格的原因有很多：有原料乳的原因，也有工艺控制方面的原因，还有菌种的影响等。作为一名合格的乳品检验员，不仅要能检测酸乳的理化、微生物指标的状况，还要能对酸乳经常出现的质量问题进行原因分析，提出切实可行的解决办法。下面将对酸乳生产中经常出现的质量问题进行分析和说明：

1. 产品质地不均

产品质地不均主要反映在酸乳不均匀，有蛋白凝块或颗粒，不黏稠、凝固不良等方面，下面介绍其发生的原因和解决方法（见表5—1）。

2. 乳清分离

乳清分离主要表现在：酸乳上层是水，下层是凝胶体，下面介绍其产生的原因和采取的对策（见表5—2）。

表 5—1　　　　　　　产品质地不均的原因分析及解决办法

现象	原因分析	解决方法
酸乳黏稠度偏低	(1) 热处理或均质不充分 (2) 搅拌过于激烈 (3) 生产线中机械处理力度过大 (4) 酸化期间凝块被破坏 (5) 搅拌时温度过低 (6) 菌种比例不当 (7) 乳中蛋白质含量偏低	(1) 调整生产工艺 (2) 调整搅拌速度 (3) 用螺杆泵输送酸乳 (4) 调整加工条件 (5) 提高夹套出水温度至 20~40℃ (6) 选用高黏度菌种 (7) 增加原料乳中蛋白质的含量
酸乳中蛋白有凝块或颗粒	(1) 磷酸钙沉淀，白蛋白变性 (2) 接种温度太低 (3) 接种温度太高 (4) 菌种问题 (5) 快速一次性降温 (6) 噬菌体污染 (7) 搅拌温度过高 (8) 搅拌时间过早	(1) 调整热处理强度 (2) 提高温度至 40℃以上 (3) 降低温度至 43℃ (4) 选用高黏度菌种 (5) 先从 43℃降至 20℃，再缓慢降至 4℃ (6) 严格控制卫生程序，保证无菌接种；加大管道清洗力度，确保管道洁净 (7) 将酸乳降至 20℃左右搅拌 (8) 等酸乳的 pH 值低于 4.5 后再搅拌

表 5—2　　　　　　　乳清分离的原因分析及解决办法

原因分析	解决方法
原料乳干物质、蛋白含量低	对原料乳进行标准化处理以达到要求。如原料乳指标过低，建议考虑选用高指标牛乳，否则成品质量无法保证
均质、热处理不充分	按合理的工艺进行控制
接种温度过高	把接种温度降至 43℃左右
酸化期间凝块遭破坏	按合理的工艺进行控制
灌装温度过低	灌装温度达到规定要求即 42~43℃
噬菌体污染	严格控制卫生程序，保证无菌接种

3. 发酵时间长

发酵时间延长有多方面的原因，可能与使用的发酵剂有关，发酵室被杂菌污染也会导致发酵异常。可采取无菌接种和保证发酵室彻底消毒的方法解决。

4. 酸度过高或过低

酸乳酸度过高或过低有不同的原因及对策（见表 5—3）。

5. 胀包

酸乳产生胀包主要是由于产品封合不严，有杂菌混入将脂肪分解成脂肪酸和气体，导致产品胀包。采取的措施是：加强灌装环境的卫生控制。

表5—3 酸乳酸度异常对策表

现象	原因分析	解决方法
酸度过高	(1) 储存温度过高 (2) 接种量过多 (3) 菌种的问题	(1) 降低储存温度，一般为5℃ (2) 将接种量控制在合理的水平上，一般的接种量是3%～4%之间 (3) 选用后酸化弱的菌种
酸度过低	(1) 接种量过少 (2) 发酵时间较短，酸度还没有达到要求就结束了发酵	(1) 将接种量到规定的要求，一般是3%～4%左右 (2) 按要求操作，酸度达到要求再结束发酵。在实际的生产中应根据季节的变化作相应的调整。如夏季终点酸度（即结束发酵时的酸度）应稍低些，这是因为夏季温度高，在销售的过程中酸度上升较快；冬季终点酸度应稍高些。冬季气温低，酸度上升较慢

第四节 含乳饮料的不合格品原因分析

→ 掌握含乳饮料特点、加工类型和工艺关键控制点
→ 能够分析含乳饮料产品不合格的原因

一、含乳饮料的特点和类型

含乳饮料即产品中含有部分牛乳并辅以其他添加剂经特定的工艺而制成的乳品。含乳饮料由于可以添加许多辅料，所以产品类型非常丰富，含乳饮料主要有以下特点：

1. 含乳饮料的特点

（1）口味丰富

含乳饮料可以调配成各种水果味，如草莓味、樱桃味、橘子味、香蕉味、菠萝味、芒果味，也可以调配成可可味、咖啡味、巧克力味，既有营养又口味多样，满足了不同人群尤其是儿童和年轻人的需求。

（2）功能性饮料

含乳饮料具有一定的保健功能，有的含益生菌，对人体消化功能有帮助；有的含适量无机钙，有一定的补钙作用。

（3）含有一定量的蛋白质

含乳饮料的蛋白质含量应在0.7%以上，与普通饮料相比，蛋白质含量较丰富。但含乳饮料与纯牛乳和酸牛乳相比，蛋白质含量相对较低，不能替代牛乳，因为牛乳蛋白质含量一般不低于2.9%，风味酸牛乳的蛋白质含量也不低于2.3%。从平衡膳食角度而言,无论是青少年、儿童,还是中老年人,每天应喝牛乳 400~500 mL。中国人习惯在早餐或睡前饮用牛乳,如果这两个时间段的牛乳饮用量达不到标准,也可在白天的工作或生活中适当用含乳饮料作为补充。

(4) 营养价值高于碳酸饮料

虽然含乳饮料的营养价值不如牛乳,但与含糖碳酸饮料相比,仍具有一定营养优势。据测定,一罐 300 mL 的含糖碳酸饮料含糖量可高达 40 g。碳酸饮料不宜多喝,尤其是超重或肥胖儿童更应控制摄入量。

2. 含乳饮料的加工类型

含乳饮料按加工工艺的不同可分为活性含乳饮料和非活性含乳饮料两大类。活性含乳饮料指用酸牛乳辅以其他稳定剂进行混合,经特定工艺配制而成的产品;非活性含乳饮料指用部分牛乳辅以其他稳定剂进行混合,经特定工艺配制而成的产品,可以称为中性含乳饮料,如巧克力风味、草莓味等;酸性含乳饮料又可分为调配型酸性含乳饮料、发酵型酸性含乳饮料两类。

二、含乳饮料的工艺关键控制点

1. 原料乳验收

原料乳质量也是决定含乳饮料质量高低的重要因素。如原料乳中蛋白质稳定性差将直接导致杀菌设备结垢,如清洗次数增多,则易造成停机频繁,使设备连续运转时间缩短、能耗增加及设备利用率低。原料乳中细菌数以及嗜冷菌的多少也是影响含乳饮料质量的因素,以下是对生产含乳饮料原料乳的要求:脂肪≥3.1%,蛋白质≥2.9%,比重≥1.028,蛋白质稳定性要通过 75%酒精试验,体细胞数≤50 万个/mL,原料乳细菌总数≤100 万 cfu/mL。

2. 配料

配料过程需要重点注意的是加酸时要讲究方法。由于含乳饮料都要进行调酸处理,而牛乳遇酸达到等电点即 pH 值为 4.6 时会发生沉淀现象,所以调酸时应缓慢加酸,最好将酸溶解成水溶液后再添加。

3. 杀菌

杀菌因不同的产品有不同的杀菌方法。对巴氏杀菌产品来说,通常采用 72~75℃、15~20 s 的巴氏杀菌;对超高温产品来说,灭菌温度与超高温纯牛乳一样,通常采用 137℃、4 s;对塑料瓶其他包装的二次灭菌产品来说,常采用 121℃、15~20 min 的灭菌条件。但目的都是将产品中的微生物杀死,保证产品在货架期内质量不发生变化。

4. 均质

均质能将稳定剂充分而均匀地分布在产品中,减少产品在货架期内脂肪上浮的几率,提高产品的稳定性等。均质的温度一般为 65~75℃,均质的压力为 20~25 MPa。

三、含乳饮料不合格原因分析

1. 产品蛋白质不达标

含乳饮料产品蛋白质不达标主要原因是原料乳蛋白质不达标。一般含乳饮料的蛋白质含量要求在1.0%以上，则能够推算出含乳饮料中的牛乳含量应该在35%以上（假设原料乳蛋白质为2.9%），如果出现原料乳蛋白质达不到2.9%的情况，所采取的措施是将牛乳的比例提高到能达到要求的水平上。

2. 沉淀与分层

含乳饮料沉淀与分层的主要原因有以下几方面：

（1）稳定剂溶解不均匀或稳定剂的稳定效果差。

（2）调配酸味剂时牛乳温度过高或速度太快或酸味剂过多。

3. 微生物指标不合格

微生物指标不合格的原因是多方面的，有清洗的原因，也有杀菌的原因等。

（1）清洗不彻底

生产线CIP清洗没有达到规定的洁净度，存有卫生死角，给产品带来质量隐患。只有加强清洗力度，严格执行清洗流程，才能保证微生物达到要求。

（2）杀菌不彻底

没有按照产品作业指导书的要求操作，杀菌温度不够是产生微生物问题的另一个原因。解决办法是按照要求杀菌，确保产品合格。

（3）二次污染

含乳饮料产生二次污染的主要途径是包装膜污染、环境污染、设备污染等。解决办法是通过监测确定出问题的环节，再进行处理。

单元测试题

一、填空题（请将正确的答案填在横线空白处）

1. 酸乳按成品的组织状态来分有_____、_____。
2. 当发酵温度在_____时嗜热链球菌和保加利亚乳杆菌生长发育最好。
3. 灭菌乳可分为两大类即_____和_____。
4. 灭菌乳不合格的原因主要有_____、_____、_____等。
5. 酸性含乳饮料可分为_____和_____两大类。
6. 一般含乳饮料蛋白质含量的要求是_____以上。
7. 超高温灭菌乳生产中，无菌灌装机中双氧水的浓度应为_____，温度应为_____。
8. 灭菌乳预处理包括_____、_____、_____3个环节。

9. 酸乳的特征风味物质主要是_____。
10. 酸乳产香物质主要是_____产生的。

二、单项选择题（下列每题的选项中，只有1个是正确的，请将正确答案的代号填在横线空白处）

1. 一般巴氏杀菌乳在0～4℃下可保存_____。
   A. 1天　　　　　B. 2天　　　　　C. 5天　　　　　D. 7天
2. 生产灭菌乳的原料乳芽孢菌的要求是_____。
   A. ≤100 cfu/mL　　　　　　　　B. ≤1 000 cfu/mL
   C. ≤1万 cfu/mL　　　　　　　　D. ≤10万 cfu/mL
3. 生产超高温灭菌乳的无菌灌装机使用的双氧水浓度为_____。
   A. 10%～15%　B. 20%～25%　C. 30%～35%　D. 40%～45%

三、多项选择题（下列每题的选项中，至少有2个是正确的，请将正确答案的代号填在横线空白处）

1. 酸乳出现乳清分离的原因有_____。
   A. 原料乳干物质、蛋白含量低　　B. 酸化期间凝块遭破坏
   C. 均质、热处理不充分　　　　　D. 菌种比例不当
2. 按酸乳的加工工艺可将酸乳分为_____。
   A. 全脂酸乳　　B. 凝固型酸乳　　C. 脱脂酸乳　　D. 搅拌型酸乳
3. 以下属于益生菌的是_____。
   A. 干酪乳杆菌　B. 双歧杆菌　　　C. 嗜酸乳杆菌　D. 酵母菌
4. 巴氏杀菌乳的关键控制点有_____。
   A. 原料乳的验收　B. 巴氏杀菌　　C. 灌装　　　　D. 均质
5. 巴氏杀菌乳的质量问题主要有_____。
   A. 生产过程中变质　　　　　　　B. 产品有异味
   C. 成品不到保质期发生变质　　　D. 分层沉淀
6. 灭菌乳具有以下几个特点_____。
   A. 热处理强度高　　　　　　　　B. 产品不需冷藏
   C. 灭菌乳的营养价值较巴氏杀菌乳低　D. 新鲜，保持了生鲜牛乳的特性

四、简答题

1. 简述巴氏杀菌乳的类型。
2. 超高温灭菌乳经常出现的质量问题有哪些？
3. 简述含乳饮料的不合格原因并分析采取的措施。

单元测试题答案

一、填空题

1. 凝固型酸乳　搅拌型酸乳　2. 42~43℃　3. 超高温灭菌乳　保持灭菌乳　4. 风味不良　苦包　有稠厚感、色泽异常　5. 调配型酸性含乳饮料　发酵型酸性含乳饮料　6. 1.0%　7. 30%~35%　20~25℃　8. 预热　脱气　均质　9. 乙醛　10. 嗜热链球菌

二、单项选择题

1. B　2. A　3. C

三、多项选择题

1. ABC　2. BD　3. ABC　4. AB　5. ABC　6. ABC

四、简答题

略。

理论知识考核试卷

一、**填空题**（请将正确的答案填在横线空白处；每空0.5分，共计20分）

1. 在酸碱滴定过程中有时出现变色范围较狭窄而变色又非常明显的现象，这时就需要加入_____。包括有两种，一种是在某种指示剂中添加_____，另一种是用两种或更多种指示剂混合配成，利用颜色之间的互补作用，使变色更明显。

2. 金属指示剂由于能与某些金属离子生成_____，其颜色与金属指示剂的颜色不同，从而判断出发生的化学反应。

3. 用于氧化还原滴定法的指示剂称为氧化还原指示剂。氧化还原指示剂具有氧化还原性质，它们的氧化性和还原性具有_____，通过_____来确定发生的化学反应。

4. 标准溶液是指含有某一特定浓度参数的溶液，当用标准溶液代替样品进行测试时，得到的结果应该与_____相符。如果结果与标准溶液存在明显的误差（大于10%），则说明存在错误，需作分析。

5. 标准溶液的标定有两种方法：_____、_____。

6. 微生物生长繁殖所需的营养物质主要有水、_____、_____和生长因子。

7. 若以细菌生长时间为横坐标，以细菌数目的对数为纵坐标作图，画出的一条曲线叫细菌生长繁殖曲线，根据细菌生长繁殖速率的不同，可将生长曲线大致分为_____、_____、稳定期和衰老期四个阶段。

8. 微生物染色所用染料按电离后染料离子带电荷的不同可分为酸性染料、碱性染料、_____、单纯染料四大类。

9. 微生物染色方法一般分为单染色法和复染色法两种，_____是用两种或两种以上染料，有协助鉴别微生物的作用。因此也称鉴别染色法。

10. _____是一组测量数据中最大值与最小值的差，反映的是数据之间的离散趋势，是_____高低最简单的表示方式。

11. 可疑数据的取舍一般有两种方法即_____和_____。

12. 县级以上人民政府计量行政部门对社会公用计量标准器具，部门和企业、事业单位使用的_____，以及用于贸易结算、安全防护、医疗卫生、环境监测方面的列入强制检定目录的工作计量器具，实行_____。

13. _____必须执行。不符合该标准的产品，禁止生产、销售和进口。推荐性标准，国家鼓励企业自愿采用。

14. 非脂乳固体的测定原理就是将待测样品进行烘干加热处理，直到样品恒重为止，剩下的乳固体减去_____即为非脂乳固体的含量。

15. 常见的生理异常乳有_____、末乳两种，前者是乳牛产犊后一周以内分泌的乳汁。

16. 牛乳掺过氧化氢的检验方法包括_____和_____。

17. 在检测牛乳蛋白质时用于消化蛋白质的是_____。

18. 牛乳掺水检验的方法有多种，如_____法、_____法、_____法和冰点测定法等。

19. Delvo－X－Press－Ⅱ快速抗生素检测仪的工作原理是使用一种从_____中分离出来的特定受体，它可以识别和结合所有_____，通过酶反应产生蓝色可判断牛奶中是否存在此类抗生素残留。

20. 在大肠菌群证实试验中，凡_____阳性，_____平板上有典型菌落者，则证实为大肠菌群阳性。

21. 均质是指对牛乳中的_____进行机械处理，使它们呈较小的状态均匀一致地分散在乳中。

22. _____的目的是为了使巴氏杀菌乳的质量稳定并达到国家标准要求，可通过添加稀奶油或脱脂奶进行调整。

23. 甜炼乳中加糖的目的是_____和赋予成品甜味。

24. 影响奶油分离效果的因素有_____、_____和牛乳的流量等。

25. 干酪生产中起凝乳作用的物质主要是_____。

二、单项选择题（下列每题的选项中，只有1个是正确的，请将正确答案的代号填在横线空白处；每题1分，共计14分）

1. 化学试剂根据纯度分类可将其排序为：_____。
   A. 分析纯＞优级纯＞实验试剂＞化学纯
   B. 化学纯＞优级纯＞分析纯＞实验试剂
   C. 优级纯＞分析纯＞化学纯＞实验试剂
   D. 实验试剂＞分析纯＞优级纯＞化学纯

2. 用物理或化学方法杀灭物体上所有的微生物（包括病原微生物和非病原微生物及细菌芽孢、霉菌孢子等），称为_____。
   A. 防腐　　　　　B. 无菌　　　　　C. 消毒　　　　　D. 灭菌

3. 菌种保藏的方法包括砂管保藏法和土壤保藏法、定期移植法、液体石蜡法和冻结真空干燥法及其他方法；其中_____法保藏温度较低，可减缓微生物的代谢繁殖速度，但还有一定的活动条件，因而保存时间短、传代多、易退化。

A. 蒸馏水保藏法　　　　　　　　B. 砂管和土壤保藏法
   C. 液氮保藏法　　　　　　　　　D. 定期移植法
4. 国家标准、行业标准分为强制性标准和推荐性标准，保障人体健康，人身、财产安全的标准和法律、行政法规规定强制执行的标准是_____。
   A. 行业标准　　B. 强制性标准　　C. 国家标准　　D. 企业标准
5. 牛乳的酸度低于 16°T 以下，但酒精试验呈阳性的被称为_____。产生原因主要与饲养管理、环境、乳牛生理机能等有关系。
   A. 低酸度酒精阳性乳　　　　　　B. 低酸度乳
   C. 化学异常乳　　　　　　　　　D. 病理异常乳
6. 牛奶掺卤水的检测原理是：卤水的主要成分是氯化镁，加入_____后发生颜色变化，借此判断出是否掺假；正常牛乳显紫红色；如变成天蓝色则为掺卤水的牛乳。
   A. 溴麝香草酚蓝指示剂　　　　　B. 碱性铜
   C. 镁试剂　　　　　　　　　　　D. 纳氏试剂
7. 牛奶中掺尿素的测定原理是由双乙酰与尿素在酸性条件下，生成二嗪衍生物的显色反应来定性。由于双乙酰本身不稳定，故用二乙酰一肟（D、A、M）在酸性条件下生成双乙酰，再与尿素反应生成_____的二嗪衍生物。
   A. 棕褐色　　B. 深蓝色　　C. 黄色　　D. 红色
8. 草酸铵结晶紫液是将结晶紫溶解于_____中，再与草酸铵溶液混合。
   A. 乙醇　　B. 乙醛　　C. 丙酮　　D. 蒸馏水
9. 乳糖发酵培养基要将溶液的 pH 值调为_____。
   A. 7.1　　B. 7.4　　C. 7.5　　D. 6.8
10. 高温短时间杀菌方式为_____。
    A. 72～75℃　15～20 s　　　　　B. 62.8～65.6℃　30 min
    C. 63～65℃　15 s　　　　　　　D. 125～138℃　2～4 s
11. 酸乳终止发酵后应立即进行_____，其目的是抑制乳酸菌的生长，降低酶的活性，防止产酸过度，使酸乳逐渐凝固，降低和稳定脂肪上浮和乳清析出的速度。
    A. 破乳　　B. 冷却　　C. 杀菌　　D. 后熟
12. 如果水中钙离子的浓度过高，容易导致乳中蛋白质双电层的破坏，从而使其出现絮凝，因此制作乳酸菌饮料和酸性含乳饮料必须用_____进行生产。
    A. 重蒸馏水　　B. 软化水　　C. 自来水　　D. 硬水
13. 乳粉生产常采用真空浓缩，浓缩的程度直接影响乳粉的不溶度指数。生产乳粉时，一般浓缩至全乳固体达到_____左右，这时浓缩乳的浓度应为_____。
    A. 60%　22～24°Be　　　　　　　B. 30%～35%　16～20°Be
    C. 45%　12～14°Be　　　　　　　D. 40%　10～12°Be

14. UHT产品有稠厚感、色泽异常的质量缺陷，产生这种现象的原因主要是与_____有关。
  A. 无菌环境质量差   B. 原料乳中嗜冷菌超标
  C. 无菌灌装被破坏   D. 灭菌参数设置不合理

三、多项选择题（下列每题的选项中，至少有2个是正确的，请将正确答案的代号填在横线空白处；每题0.5分，共计5分）

1. 常用的金属指示剂包括_____。
  A. 亚甲基蓝   B. 钙试剂（NN）
  C. 靛蓝二磺酸水溶液   D. 络黑T（EBT）

2. 标准溶液的配制方法有_____两种。
  A. 直接配制法   B. 间接配制法
  C. 酸碱滴定配制法   D. 基准物质配制法

3. 根据微生物对碳源的要求进行分类，可将其分为_____。
  A. 自养菌   B. 化能营养菌   C. 光能营养菌   D. 异养菌

4. 灭菌乳主要有_____杀菌方式。
  A. 超高温灭菌   B. 巴氏杀菌   C. 保持灭菌   D. 湿热灭菌

5. 下列属于生理异常乳的有_____。
  A. 初乳   B. 低酸度酒精阳性乳
  C. 末乳   D. 乳房炎乳

6. 原料乳验收后必须净化。其目的就是去除乳中的机械杂质并减少乳中微生物数量。净乳的方法通常有_____两种。
  A. 标准化   B. 过滤法   C. 均质   D. 离心净乳法

7. 生产灭菌乳的原料乳，应控制_____的数量。
  A. 芽孢菌   B. 酵母菌   C. 嗜冷菌   D. 细菌

8. 冰点仪的构造是主要由_____、搅拌器、温度传感器和温度显示仪表组成。
  A. 热度检测区   B. 浊度检测区   C. 冷阱   D. 引晶装置

9. 含乳饮料微生物指标不合格的原因有：_____、清洗不彻底。
  A. 杀菌不彻底   B. 均质温度不合适
  C. 二次污染   D. 配料调酸不当

10. 蛋白质测定时，用做催化剂的是_____。
  A. 浓硫酸   B. 硫酸铜   C. 硫酸钾   D. 硼酸溶液

四、判断题（下列判断正确的打"√"，错误的打"×"；每题0.5分，共计10分）

1. 酸碱指示剂的选择依据是：不同的变色反应要选择不同的酸碱指示剂，选择的原则是变色范围应在pH发生突跃范围内。   （　　）

2. 采用间接法配制标准溶液的物质必须是基准物；如果该物质不符合基准物的条件，如 NaOH 易吸收空气中 CO_2，浓盐酸易挥发，组成不稳定等，因此这些物质必须采用直接法配制标准溶液。（　）

3. 标定是指配制一份近似所需浓度的溶液，然后用基准物或已知浓度的标准溶液来确定其准确浓度。（　）

4. 不能利用无机碳而需要有机碳才能合成菌体内有机碳化物的称为自养菌。（　）

5. 微生物的染色原理是借助染料与微生物所发生的物理、化学变化而得以判断的。由于细菌的等电点较低，pH 值在 2～5 之间，故常用酸性染料进行染色。（　）

6. Q 值检验法适合较多次测定的多个数据可疑值的舍弃，但对于少数次测定结果用 $4\bar{d}$ 法就比较合适。（　）

7. 企业生产的产品没有国家标准和行业标准的，应当制定企业标准，作为组织生产的依据。企业的产品标准须报当地政府标准化行政主管部门和有关行政主管部门备案。（　）

8. 由病菌污染而生成的乳称为病理异常乳。主要有乳房炎乳和其他病牛乳。（　）

9. 牛乳中掺硫酸盐的测定原理是玫瑰红酸钠和硫酸钡在水溶液中反应生成了红色的玫瑰红酸钡，玫瑰红酸钡与硫酸根反应生成白色的硝酸钡和红色的玫瑰红酸根。本法可检出牛乳中掺芒硝、硫酸铵、石膏、明矾等一些可溶性硫酸盐。（　）

10. 牛乳掺葡萄糖的检测原理是：葡萄糖具有还原性，在加热的强碱液中能使铜离子还原为亚铜离子。葡萄糖能使班氏定性试剂中的铜离子还原为亚铜离子，形成黄色的氢氧化亚铜或红色的氧化亚铜。（　）

11. 乳品企业较常使用的是冰点测定法来准确测量牛乳的掺水率。原理是正常牛乳的冰点十分稳定，一般为 -0.68～-0.55℃，平均值为 -0.604℃，牛奶中的乳糖以及盐类的含量也是比较稳定的，如果它们的含量发生了变化，则说明牛乳掺水了。（　）

12. 巴氏杀菌的目的是杀灭引起人类疾病的所有微生物。经过巴氏杀菌的产品必须没有任何微生物。

13. 影响酸奶发酵的因素主要有乳酸菌菌种活力、发酵温度、原料乳的全乳固体含量等，这些因素会影响发酵的时间、酸乳的黏度等。（　）

14. 乳酸菌饮料生产中的关键工序是调 pH 值，由于乳中酪蛋白的等电点为 4.3，所以在调 pH 时一般调节其为 4.0～4.2。过低则酸味太重，过高，则很容易出现絮凝。（　）

15. 乳粉中的水分含量在 6%～8%，在这样低的水含量下细菌很难繁殖，因此，干燥延长了乳粉的货架期，大大降低了可能出现的质量问题和占用的体积。（　）

16. 奶油生产中搅拌工序的目的就是将稀奶油中的脂肪球聚结形成奶油粒。（　）

17. 酸乳产生胀包主要是由于产品封合不严，有杂菌混入将脂肪分解成脂肪酸和气

体，导致产品胀包。（　）

18. 含乳饮料出现沉淀与分层的主要原因有：稳定剂溶解的不均匀或稳定剂的稳定效果差，调配酸味剂时料温过低或速度太慢或酸味剂过少。（　）

19. 生产灭菌乳原料乳至关重要，在理化指标方面酒精试验是最重要的，68％酒精为阳性的原料乳一旦进入杀菌机就会造成因蛋白质稳定性差而出现的糊管现象，给产品带来极大地影响。（　）

20. 酸乳生产采用的传统的发酵剂是保加利亚乳杆菌和嗜热链球菌的混合菌。（　）

五、名词解释（每题2分，共10分）

1. 基准试剂
2. 指示剂
3. 异常乳
4. 超高温灭菌
5. 感官检验

六、简答题（共36分）

1. 简述基准物质的定义及应当具备的四个条件。（3分）
2. 简述革兰氏染色法的细菌鉴别原理及操作步骤。（3分）
3. 简述凯氏定氮法检测蛋白质的检测原理。（3分）
4. 试述罗兹—哥特里法检测牛奶脂肪的检测原理与操作步骤。（3分）
5. 简述采用莱因—埃农法检测乳糖及蔗糖的测定原理。（4分）
6. 简述牛奶中掺入硝酸盐、亚硝酸盐的检测原理及检测方法步骤。（4分）
7. 简述霉菌和酵母的检验操作步骤并用框图表示其检验程序。（4分）
8. 简述TTC法检测牛乳中抗生素的检验程序及操作步骤。（4分）
9. 简述无菌包装的概念及其应当具备的条件。（3分）
10. 用框图表示凝固型酸乳和搅拌型酸乳的工艺流程。（2分）
11. 简述酸乳黏稠度偏低的不合格原因分析。（3分）

七、计算题（5分）

某原料乳的酸度值分别为 15.5、15.2、15.4、15.1、15.4、15.3、16.0、15.0，八次测定结果用 Q 值检验法检验，问 16.0 可疑值是否需要保留？

置信概率为90％的极限 Q 值极限表

测定次数	3	4	5	6	7	8	9	10
$Q_{0.90}$	0.94	0.76	0.64	0.56	0.51	0.47	0.44	0.41

理论知识考核试卷答案

一、填空题

1. 混合指示剂 惰性染料 2. 有色络合物 3. 不同的颜色 颜色变化 4. 已知标准溶液的浓度 5. 用基准物标定 用准确浓度的标准溶液标定 6. 无机盐 碳源 氮源 7. 适应期 对数期 8. 中性染料 9. 复染色法 10. 极差 精密度 11. $4\bar{d}$法 Q值检验法 12. 最高计量标准器具 强制检定 13. 强制性标准 14. 脂肪含量 15. 初乳 16. 钒酸试剂呈色反应 碘化钾淀粉试剂法 17. 浓硫酸 18. 密度测定法 折射计法 非脂乳固体测定法 19. 嗜热脂肪芽孢杆菌 β—内酰胺类抗生素 20. 靛基质 伊红美兰琼脂 21. 脂肪球 22. 标准化 23. 抑制微生物的繁殖 24. 分离机的转速 乳的温度 25. 凝乳酶

二、单项选择题

1. C 2. D 3. D 4. B 5. A 6. C 7. D 8. A 9. B 10. A 11. B 12. B 13. C 14. D

三、多项选择题

1. BD 2. AB 3. AD 4. AC 5. AC 6. BD 7. ACD 8. CD 9. AC 10. BC

四、判断题

1. √ 2. × 3. √ 4. × 5. × 6. × 7. √ 8. √ 9. × 10. √ 11. × 12. × 13. √ 14. × 15. × 16. √ 17. √ 18. × 19. × 20. √

五、名词解释

1. 基准试剂

基准试剂是用于标定容量分析标准溶液的标准参考物质,基准试剂是准确称量后能够直接配置成的标准溶液。基准试剂的主要成分含量一般在99.95%~100.05%。

2. 指示剂

在某些化学反应中,需加入一种辅助的试剂,通过这些辅助试剂发生的变化,如颜色的变化、沉淀现象或有浑浊情况发生等,来判断反应是否已经达到了等当点,这些辅助的试剂就称为指示剂。

3. 异常乳

异常乳是指乳牛在泌乳的过程中,由于奶牛本身的生理、病理等原因以及其他诸多因素造成牛乳性质发生变化的乳。

4. 超高温灭菌

超高温灭菌指物料在连续流动的状态下通过热交换器加热至 135~150℃，并在这一温度下保持一定的时间以达到商业无菌水平的杀菌方式。

5. 感官检验

感官检验是依据人的感官器官来判定乳品的颜色、色泽、口感、状态等的一种方法。感官检验主要有：色泽、滋气味、组织状态 3 项。

六、简答题

答案略。

七、计算题

答案略。